Dr. Michael Lohmann

# Tagfalter

## Heimische Arten erkennen und beobachten

blv

Die Deutsche Bibliothek–
CIP-Einheitsaufnahme

Ein Titeldatensatz für diese Publikation ist bei
Der Deutschen Bibliothek erhältlich

Bildnachweis

Eisenbeiss: 15, 19o, 43ur
Eisenreich: 8o, 11 (alle), 10u, 19u, 25or, 27ul, 31ul, 35u, 37ur, 43ul, 47ul, 55ul
Hinz: 2/3, 29o, 41ur, 43o, 55o, 55ur, 59ur, 67ul, 71ur, 75or, 77ol, 77or, 81ur, 83o
Löhr: 6o, 71or
Marktanner: 8ul, 27o, 29u, 31o, 37ul, 41o, 41ul, 47o, 51ol, 51ul, 57o, 57u, 59or, 61o, 63u, 67o, 69ur, 81ul, 85ol, 87ol, 87or, 91u, 93ol, 93or, 93u
Pforr: 5, 7, 16, 45o, 51ur, 83ur
Ruckstuhl: 9u, 35ol, 45u, 49o, 61ur, 64ul, 69ul, 71ol, 71ul, 77u, 79ol, 79u, 85or, 85ur, 87u, 89o
Willner: 1l, 1r, 6u, 8ur, 9o, 12, 23o, 25ol, 31ur, 37o, 39ol, 39u, 53o, 59ol, 63o, 65o, 67ur, 69o, 73o, 73ur, 75u, 79or, 81o, 83ul, 89u, 91o
Zepf: 10o, 21, 23u, 25ul, 25ur, 27ur, 33o, 33u, 35or, 39or, 47ur, 49ul, 49ur, 51or, 53ul, 53ur, 59ul, 61ul, 65ur, 73ul, 75ol, 85ul

Umschlagfotos:
M. Pforr (vorn: Kleiner Schillerfalter)
L. Hinz (hinten: Zitronenfalter)

Foto S. 1 l: Kleiner Fuchs
Foto S. 1 r: Geißkleebläuling
Grafiken: Heide Janiček

BLV Verlagsgesellschaft mbH,
München Wien Zürich
80797 München

BLV Naturführer



Lektorat: Dr. Friedrich Kögel
Umschlagentwurf: Studio Schübel, München
Herstellung: Hannelore Diehl
Satz und Druck: Appl, Wemding
Bindung: Auer, Donauwörth

Gedruckt auf chlorfrei gebleichtem Papier

Printed in Germany · ISBN 3-405-16018-9

# Einführung

Insekten sind bei den meisten Menschen nicht sonderlich beliebt. Da denkt man an blutsaugende Mücken, Flöhe und Bettwanzen, an schmerzhaft stechende Bienen und Wespen, an krabbelnde und beißende Ameisen, an Blattläuse auf den schönen Rosen, an Fliegen und Schaben in unseren Wohnungen, Malaria und andere Krankheiten übertragende Plagegeister, an Borkenkäfer und Spannerraupen, die dem Nutzwald schaden, an Kartoffelkäfer und Apfelmaden, an Mehlkäfer- und Heuschreckenplagen, an Möbel und Häuser fressende Termiten, an Maiszünsler und Kleidermotten.

Die Tatsache, dass die mit schätzungsweise über einer Million Arten vielfältigste und »erfolgreichste« Tiergruppe uns auf so vielen Gebieten Konkurrenz und Ärger macht, hat denn auch zu einem ziemlich erbarmungslosen Feldzug gegen nahezu alles geführt, was da kreucht, krabbelt und fleucht. So berechtigt oder verständlich das in vielen Fällen sein mag – wer wäre nicht froh über die Tatsache, dass Flöhe und Wanzen kein Thema mehr sind –, so bedenklich sind doch die oft weitreichenden ökologischen Auswirkungen unserer Vernichtungsaktionen.

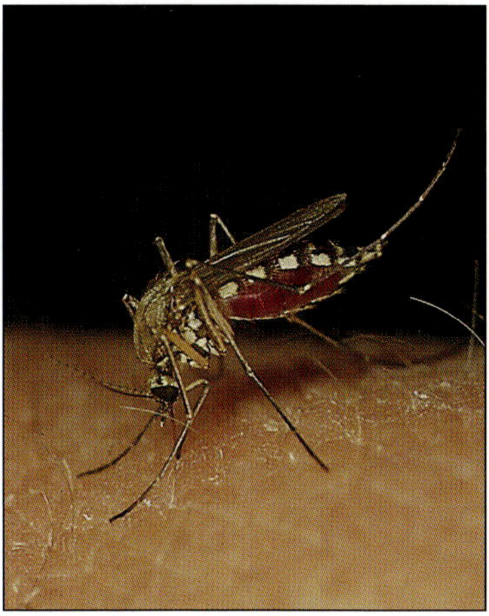

Blutsaugende Stechmücken gehören zu den »Feindbildern« unter den Insekten.

Alle Bemühungen, harmlose oder nützliche Insekten zu schonen und möglichst gezielt gegen die einzelnen Schädlinge vorzugehen, haben sich leider in vielen Fällen als Illusion erwiesen. Das lässt sich schon daran ablesen, dass auch durchaus beliebte, weil schöne und harmlose Insektengruppen wie die Tagschmetterlinge immer seltener werden. Einerseits ist dies die Folge der Lebensraumzerstörungen und Vernichtung der Nahrungsgrundlagen von Larven und Faltern, wovon noch zu sprechen sein wird. Andererseits ist es aber auch direkt auf den Einsatz von Insektiziden in der Landwirtschaft und in Privatgärten zurückzuführen. Gerade der nicht zu unterschätzende Einsatz von Insektiziden in unseren Gärten beruht oft auf ungenügenden Kenntnissen über die ökologischen Zusammenhänge im Allgemeinen und über die speziellen Zusammenhänge zwischen Schmetterlingslarven (Raupen) und Faltern. Immer wieder kann man erleben, dass Gartenbesitzer, die sich für die bunten Falter begeistern und extra Sommerflieder (»Schmetterlingssträucher«) und andere Nektarblumen für sie pflanzen, voll Abscheu die Raupen dieser Falter vernichten. Hier ein wenig durch Aufklärung zu helfen, ist ein Ziel dieses Bandes, weswegen den Larven und ihren Ansprüchen an Futterpflanzen und Lebensraum besonderer Raum gegeben wird.

## Vom »Wurm« zum »fliegenden Juwel«

Neben den Käfern gehören die Schmetterlinge zu den am höchsten entwickelten und artenreichsten Insektengruppen (weltweit etwa 150 000 Arten). Wie die Käfer, die Hautflügler (Bienen und Wespen), die Zweiflügler (Fliegen und Mücken) und einige andere Gruppen unterscheiden sie sich von den »älteren« Gruppen, wie Libellen, Schaben, Heuschrecken, Wanzen und dergleichen, durch ihre vollständige Verwandlung. Auch aus den Eiern der Insekten mit unvollständiger Verwandlung schlüpfen keine geflügelten Tiere, sondern flügellose Larven. Die haben aber immerhin eine gewisse Ähnlichkeit mit den späteren Flugtieren, wenn sie auch oft völlig andere Lebensweisen zeigen. So leben viele Larven der Hemimetabolen (Insekten mit unvollständiger Verwandlung) im Wasser oder im Boden; man denke an Libellenlarven. Da sie wie alle Insekten ein Außenskelett aus Chitin tragen, das nur in Maßen dehnbar ist, können sie

Die »Maden«-Larven der Raupenfliege leben in und von den »Raupen«-Larven der Schmetterlinge.

nur wachsen, wenn sie immer mal wieder den alten Panzer abstreifen, sich häuten. Im Verlauf dieser schrittweisen Entwicklung wachsen ihnen dann auch die Flügel, die nach der letzten Häutung funktionsfähig sind.
Ganz anders bei den Holometabolen, den Insekten mit vollständiger Verwandlung, zu denen auch die Schmetterlinge gehören. Was aus ihren Eiern schlüpft, hat äußerlich keinerlei Ähnlichkeit mit der Imago, dem flugfähigen Geschlechtstier. Wie Würmer mit Stummelbeinchen sehen die Larven von Schmetterlingen und Käfern aus.

Die Larve des Grünen Heupferds unterscheidet sich äußerlich nur durch geringere Größe und das Fehlen der Flügel vom erwachsenen Tier – ein Beispiel für unvollständige Verwandlung.

Man nennt sie entsprechend auch ganz anders: Raupen, Engerlinge, Holzwürmer. Und es gibt sogar ganz beinlose Larven, etwa von Fliegen, die wir dann als Maden bezeichnen. Besonders bei den Käfern nimmt die Larvenzeit den weitaus größten Teil der gesamten Lebensspanne ein – oft mehrere Jahre. Das Fluginsekt lebt oft nur wenige Tage oder Wochen; seine Funktionen sind Paarung, Vermehrung und Verbreitung.

Der Übergang von den unförmigen Fressstadien zu den so viel graziöseren Flugstadien stellt eine gewaltige Umstrukturierung und Umorganisation des gesamten Organismus dar. Zu diesem Zweck zieht sich die Larve in eine starre Hülle zurück, die man Puppe nennt. Da sich die Puppe äußerlich kaum bewegt (nur wenn man sie stört, biegt sie sich »unwillig« hin und her), bezeichnet man sie auch als Ruhestadium. Das trifft aber nur in den Fällen zu, in denen das Insekt in der Puppe kalte oder trockene Jahreszeiten überdauert. Während der eigentlichen Umwandlung geschieht so viel hinter der Puppenhülle, dass man von Ruhe kaum reden kann. Was da geschieht und wie es geschieht, ist so interessant – weil es die grundsätzliche Frage nach den formbildenden Prozessen der Organismen berührt –, dass es sich lohnt, einen Blick auf die Entwicklung der Schmetterlinge und ihre wahrlich wunderbare Verwandlung zu werfen.

## Metamorphose in vier Schritten

Ähnlich wie bei den Vogeleiern, die einen durch die Vielfalt ihrer Formen, Farben, Zeichnungen und Schalenstrukturen faszinieren können, findet sich auch bei den Eiern der Schmetterlinge eine überraschende Vielfalt und Schönheit. Nur dass sich ihre Reize

Der Kohlweißling legt seine Eier in Haufen auf die Blattunterseite.

dem menschlichen Auge erst unter der Lupe oder dem Mikroskop erschließen. Da gibt es gerippte und himbeerförmige Eier, stäbchenförmige, konische und runde, behaarte und glatte, einfarbige und gemusterte. Viele Schmetterlinge legen ihre Eier einzeln ab, auf der Unterseite von Blättern, an Baumrinde oder Zweigen. Andere legen viele Eier zu einem Gelege zusammen, in Haufen oder Reihen. In der Regel suchen die Weibchen spezielle Futterpflanzen zur Eiablage auf. Die meisten Arten haben so spezifisch geformte und gefärbte Eier und Gelege, dass man nach ihnen ohne weiteres die Art bestimmen kann. Die Zahl der Eier eines Weibchens ist bei den verschiedenen Arten recht unterschiedlich und liegt zwischen einigen Dutzend und mehreren Hundert.

Aus den Eiern schlüpfen nach wenigen Tagen oder erst nach vielen Monaten winzige Räupchen. Wie lang das Eistadium dauert, hängt davon ab, ob die Embryonalentwicklung in einem Zug verläuft oder durch Ruhephasen unterbrochen wird. Denn wie für die meisten nicht warmblütigen Tiere stellt sich auch bei den Schmetterlingen unserer Breitengrade das Problem der Überwinterung, in anderen Regionen das

Die Larven der Blattwespen sehen den Raupen der Schmetterlinge ähnlich, besitzen aber mehr als 4 Bauchfußpaare.

Überdauern von Trocken- oder Regenzeiten. Dafür bietet das Ei guten Schutz. Die Ruhephase kann am Anfang oder am Ende der Embryonalentwicklung, im Keimstadium oder im Stadium der schlüpffertigen Raupe eingeschoben werden.

Schmetterlingsraupen sind wurmförmige Tiere, deren Leib in Kopf, 3 Brust- und 10 Hinterleibssegemente gegliedert ist. Das entspricht der Gliederung auch des fertigen Falters. Zusätzlich zu den 3 vorderen Beinpaaren tragen sie aber auch am Hinterleib stummelförmige Bauch- oder Afterfüße, meist 4 Paare, sowie ein Paar »Nachschieber« am letzten Segment. Mit Schmetterlingsraupen leicht zu verwechseln sind die Larven der Blattwespen, die man an ihren mehr als 4 Bauchfußpaaren erkennt. Die Raupen der meisten Tagfalter sind charakteristisch gestaltet, gefärbt und gezeichnet. Ihre Bestimmung wird aber dadurch erschwert, dass sich ihr Aussehen im Verlauf der Häutungen ändern kann.
Da die recht weichhäutigen Raupen ein gefundenes Fressen besonders für Vögel sind, versuchen sie sich auf die verschiedenste Weise zu schützen: durch Tarn- oder Warnfarben, durch

Während des Wachstums verändern Raupen ihr Aussehen oft erheblich. Hier eine frisch geschlüpfte (links) und eine ausgewachsene Raupe (rechts) des Schwalbenschwanzes.

nächtliche Lebensweise, durch Haare und Dornen, durch Gespinste oder durch Schreckstrukturen (Augenmuster, ausstülpbare Hörner usw.). Ihr Lebenszweck ist das Fressen und Wachsen und sie beginnen gleich nach dem Schlüpfen damit, dass sie zuerst einmal ihre eigene Eischale auffressen. Nach spätestens 2 Tagen beginnen sie mit der Futteraufnahme. Nahezu alle Schmetterlingsraupen sind Pflanzenfresser, viele haben sehr spezielle Nahrungswünsche. So bevorzugen die Raupen vom Kleinen Fuchs und vom Tagpfauenauge Brennnesseln, die des Apollofalters sind auf Fetthennenarten angewiesen. Andere Arten sind etwas weniger wählerisch, bevorzugen aber dennoch zumindest bestimmte Pflanzenfamilien oder -gattungen. So ernähren sich Weißlingsraupen vorzugsweise von Kreuzblütlern. Merkwürdigerweise verschmähen viele Raupen kräftige, saftige Pflanzen und fressen lieber an kümmerlichen, schwachen Exemplaren.

Die Dauer des Raupenstadiums wird vielfach von den Nahrungs- und Temperaturverhältnissen bestimmt und schwankt nicht nur von Art zu Art erheblich, sondern (bei Arten mit mehreren Generationen im Jahr) auch von Generation zu Generation. Tagfalter haben in der Regel nur ein kurzes Raupenstadium, während einige im Holz oder im Hochgebirge lebende Raupen mehrere Jahre benötigen, bevor sie sich verpuppen. Nicht wenige Tagfalterraupen überwintern allerdings in einem Versteck am Boden oder in der Vegetation, indem sie entweder in eine einfache Kältestarre verfallen oder aber eine so genannte Diapause durchmachen, einen erblich festgelegten Ruhezustand, der mit einer Verringerung des Wassergehalts und stark herabgesetztem Stoffwechsel verbunden ist. Das verlängert die Raupenzeit. Um wachsen zu können, müssen Raupen ihre nur wenig dehnbare Chitinhülle abstreifen. Vier- bis fünfmal häuten sie sich, bis sie ausgewachsen sind.

**Die große Umwandlung**

Schließlich kommt der Tag, an dem die Raupe das Fressen einstellt und sich einen Platz sucht, an dem sie sich verpuppen kann. Hier findet die letzte Häutung statt. Die Raupenhaut platzt auf und die zuerst noch weiche <u>Puppe</u>

Die frei liegende »Mumienpuppe« des Apollofalters (oben) und die »Stürzpuppe« des Wachtelweizen-Scheckenfalters (unten).

Zwei Formen von »Gürtelpuppen«: Schwalbenschwanz (oben) und die als Dorn getarnte Puppe des Aurorafalters, die zunächst grün ist und später eine braune Färbung annimmt.

tritt hervor, wirft die leere Haut ab und nimmt ihre endgültige Lage ein. Das Wunder der Verwandlung zum Falter hat damit bereits begonnen, denn die Puppe gleicht äußerlich schon dem Falter, Beine, Flügel und die Scheide des langen Rüssels sind bereits deutlich zu erkennen. Bei den Tagfaltern sind Flügel- und Beinscheiden aber nicht frei, sondern fest mit dem Körper verbunden; man nennt sie darum Mumienpuppen. Die meisten Tagfalterpuppen hängen sich frei entweder kopfüber am Hinterleib mit einigen Haken und einem kleinen Gespinst auf (Stürzpuppen), oder sie befestigen sich aufrecht mit einem Gürtelfaden (Gürtelpuppen). Das Aufhängen ist ziemlich kompliziert und wird bereits von der Raupe vorbereitet. Manche Puppen liegen auch frei am Boden, andere schaffen sich mit ihren Spinndrüsen einen lockeren Kokon. Viele Puppen sind braun und sehen sich so ähnlich, dass eine Artbestimmung oft nicht möglich ist.

Sofern nicht ein Ruhestadium eingeschoben wird – bei Faltern, die sich im Spätsommer verpuppen und als Puppe überwintern –, beginnt nun im Inneren der äußerlich fast tot wirkenden Puppe die große und wundersame Umgestaltung. Nahezu alle Organe der Raupe werden »eingeschmolzen« (verflüssigt) und zur neuen Anatomie des Falters umgebaut. Das erscheint uns wie ein Wunder. Es ist das in der gesamten organismischen Welt verbreitete Wunder der Gestaltbildung aus dem Amorphen, das uns ja in jeder Embryonalentwick-

In mehreren Schritten wandelt sich die Raupe ▷ des Kleinen Fuchses zur Stürzpuppe, aus der nach tiefgreifender Verwandlung (Metamorphose) der Falter schlüpft. Man erkennt in der Bildfolge (je Spalte von oben nach unten) gut, wie das »Raupenhemd« aufplatzt und in Richtung Befestigungsstelle abgestreift wird.

lung begegnet: beim Samen, der zum Baum oder Kraut wird, bei der Eizelle, die sich zum Wurm, zum Adler oder zum Menschen differenziert.

Die Verwandlung von der Raupe zum Falter in der Puppe dauert gewöhnlich 2–3 Wochen, sofern die Puppe nicht überwintert oder »überliegt«. Manche überwinternde Puppen brauchen die Einwirkung von Frost, um sich entwickeln zu können (wie manche Pflanzensamen Frost zum Keimen brauchen). Noch recht geheimnisvoll ist das »Überliegen«: Die Puppen mancher Arten warten mit dem Schlüpfen 2–8 Jahre. Selbst bei den Nachkommen eines Weibchens kann diese Ruhephase (Diapause) von unterschiedlicher Dauer sein.

**Der Falter**

Das Schlüpfen des Falters gleicht in seiner Dramatik dem Schlüpfen eines Vogeljungen aus dem Ei beziehungsweise der Geburt eines Säugerjungen. Zunächst muss der Falter die Puppenhülle sprengen, oft ein mühsames Geschäft. Dann gilt es die noch weichen und eng gefalteten Flügel »aufzupumpen«, indem Blut in die hohlen Adern gepresst wird. Bis zur vollen Entfaltung und Erhärtung der Flügel kann es 2 Stunden dauern, eine äußerst kritische Zeit, in der der Falter leicht die Beute eines Vogels oder anderen Insektenfressers wird.

Betrachten wir den fertigen Falter genauer, so entdecken wir, dass er sich nicht nur durch Flügel und längere Beine von der Raupe unterscheidet. Auch die Mundwerkzeuge haben sich vollständig gewandelt: Die wie Zangen arbeitenden Mandibeln der Raupen, bestens geeignet zum Zerkleinern von Pflanzenmaterialien, sind zu einem dünnen, lang aufgerollten Rüssel geworden, mit dem nur noch flüssige Nahrung aufgenommen werden kann. (Manche Falter haben völlig zurückgebildete Mundwerkzeuge, nehmen kei-

Raffiniert wie eine Computerzeichnung: Färbung und Anordnung der Flügelschuppen beim Schwalbenschwanz bilden ein »Auge« als Schrecksignal nach.

nerlei Nahrung mehr zu sich und leben entsprechend nur kurz.) Neu sind auch die Fühler, die den Faltern vor allem als Geruchsorgane dienen, mit denen sie Nahrungsquellen (Blüten, süße, eiweiß- oder mineralstoffhaltige Säfte) und ihre Geschlechtspartner orten. Der Hinterleib der Falter hat äußerlich noch am meisten Ähnlichkeit mit dem Raupenleib. Innen herrschen jetzt aber nicht mehr Verdauungsorgane vor, sondern Geschlechtsorgane.

Die 4 Flügel der Schmetterlinge sind in Größe, Struktur, Farbe und Zeichnung zweifellos das Auffallendste und Schönste an diesen Tieren; sie verdienen eine etwas genauere Betrachtung. Im Gegensatz zu den meisten anderen Insektenflügeln sind Schmetterlingsflügel nicht nackt, sondern von unzähligen winzigen Schuppen bedeckt, die wie Dachschindeln angeordnet sind. Sie tragen auch die Farben und bilden durch ihre Anordnung die Muster – wie ein winziges Mosaik. Da sie nur mit einem kleinen Stiel befestigt sind, gehen sie leicht verloren, sodass »abgeflogene« Falter stellenweise kahl und insgesamt nicht mehr so farbig wirken. Neben pigmentgefärbten Schuppen gibt es auch solche, deren Farbeffekt ein physikalischer ist: Das Licht bricht sich so in ihrer Feinstruktur, dass nur bestimmte Wellenlängen reflektiert werden. Alle Blautöne entstehen so und natürlich die wunderschönen Schillerfarben. Durch die Adern wird der Flügel in verschiedene Felder unterteilt, deren größtes in der Mitte als Zelle bezeichnet wird.

## Das Verhalten der Falter

Auch wenn uns das Flugstadium der Falter als das »Eigentliche« dieser Tiere erscheint, ist es doch oft das kürzeste. Die meisten im Lauf des Sommers auftretenden Tagfalter leben selten länger als 3–5 Wochen. Wobei die Männchen, trotz ihres unbeschwerteren Lebenswandels, meist früher das Zeitliche segnen als die mit dem Eierlegen beschäftigten Weibchen; sie sterben oft bald nach der Begattung – ihrem einzigen Lebenszweck, wenn man so will. Allerdings schlüpfen bei vielen Tagfaltern die Männchen bis zu 3 Wochen früher als die Weibchen.

Auf Anhieb unterscheiden lassen sich die Geschlechter nur bei den Schillerfaltern, bei denen nur die Männchen schillern, und beim Zitronenfalter, bei dem die Weibchen oft so blass sind, dass man sie mit Kohlweißlingen verwechseln kann. (Männliche Nachtfalter erkennt man leicht an ihren viel größeren Fühlern.) Bei den meisten anderen Tagfaltern sind die Weibchen nur etwas größer und etwas blasser gefärbt als die Männchen, oder es lässt sich das Geschlecht nur durch Untersuchung der Geschlechtsorgane ermitteln.

Die ersten Falter, denen wir im Frühling begegnen, sind in der Regel solche, die als Falter überwintern, vor allem Zitronenfalter und Tagpfauenauge. Während Tagpfauenaugen bevorzugt an geschützten Stellen, in Spalten, unterm Dach oder in Feldscheunen überwintern, überstehen Zitronenfalter den Winter meist völlig ungeschützt an einem Halm oder Zweig, wo sie entsprechend früh von den ersten warmen Sonnenstrahlen zum Leben erweckt werden. Die eigentliche Zeit der Wärme und Sonne liebenden Tagfalter ist aber der Sommer. Und selbst dann fliegen die meisten Arten nur bei Sonnenschein und nicht zu starkem Wind.

Da die Fortpflanzung die wichtigste Aufgabe der fliegenden Falter ist, beginnen sich die Geschlechter bald zu suchen. In der Regel ist es das Männchen, das gezielt nach Weibchen sucht. Bei vielen Tagfaltern kommt es vor der Begattung zu einer regelrechten Balz im Flug oder auf dem Boden, so etwa beim Kaisermantel. Auch zu Streitereien zwischen Männchen kann es kommen; Schillerfalter verteidigen sogar ein eigenes Revier. Die Vereinigung der Geschlechter findet stets im Sitzen statt, wobei sie mit den Köpfen in verschiedene Richtung weisen. Die Klammervorrichtung des männlichen Begattungsorgans ist aber so fest, dass die Tiere auch dann vereint bleiben, wenn sie durch eine Störung aufgescheucht werden. Gelegentlich kommen Paarungen zwischen verschiedenen Arten vor, die aber nur bei nah verwandten Arten und in seltenen Fällen zu lebensfähigen Bastarden führen.
Der gaukelnde Schmetterling gilt uns gewöhnlich als Sinnbild des sich treiben lassenden Genießers. Tatsächlich wirkt ihr Flug eher kraftlos, so als müsste jeder Windhauch sie aus ihrer gaukelnden Bahn werfen. In Wirklichkeit gehören manche Schmetterlinge – neben gewissen Libellen und Schwebfliegen – zu den besten Fliegern im Insektenreich. Bei den zu den Nachtfaltern zählenden Schwärmern finden wir viele Arten mit kräftiger Flugmuskulatur und schmalen Vorder- und kleinen Hinterflügeln, die eine Geschwindigkeit von über 50 km/h entwickeln. Tagfalter sind allerdings sehr viel langsamer, Weißlinge erreichen etwa 6–7 km/h, der Schwalbenschwanz ungefähr die doppelte Geschwindigkeit. Umso erstaunlicher sind die großen Wanderungen, die viele Falter sehr zielgerichtet unternehmen.

**Wanderfalter**

Die meisten Schmetterlingsarten sind ziemlich ortstreu und verlassen ihre oft sehr speziellen und eng begrenzten Lebensräume kaum. Andere Arten unternehmen dagegen weite Wanderungen, die sie über Hunderte, ja Tausende von Kilometern über Meere und hohe Berge führen können. In Europa sind es vor allem südeuropäische und nordafrikanische Arten, die sich in mehr oder weniger großer Zahl im Frühsommer nach Norden aufmachen, dabei auch das Mittelmeer und die Alpen überqueren und teilweise bis Großbritannien, Skandinavien und sogar Island vordringen. Es handelt sich bei diesen Wanderungen offenbar mehr um eine die Populationen stabilisierende als arealerweiternde Maßnahme, denn kaum einer dieser Südländer übersteht den Winter nördlich der Alpen. Von einem »umgekehrten Vogelzug« unterscheiden sich diese Wanderungen dadurch, dass sich die Wanderfalter sowohl in ihrer südlichen Heimat als auch in ihrem nördlichen Sommerquartier fortpflanzen – oder es jedenfalls versuchen.
Zu den regelmäßig im Sommer nach Mitteleuropa einwandernden Arten gehören von den in diesem Band behandelten Arten Distelfalter, Admiral und Postillion. Aber auch Nachtfalter wie Taubenschwänzchen, Gammaeule, Totenkopf und Windenschwärmer zählen zu den Wanderfaltern. Viele der genannten Tagfalter pflanzen sich oft sogar in mehreren Generationen bei uns fort. Sofern ihre Nachkommen im Herbst aber nicht wieder den Rückzug in den Süden antreten, haben sie geringe Chancen, den Winter zu überstehen. Auch die aus Nordafrika stammenden Totenkopf- und Windenschwärmer sorgen bei uns für Nachwuchs; die unfreundlicheren Tempera-

turen lassen aber sämtliche Weibchen dieser Nordgeneration steril werden.
In Europa fallen die Schmetterlingswanderungen niemals in der Weise auf, wie die riesigen Züge des nordamerikanischen Monarchs, der den Winter in Ansammlungen von Millionen im tropischen Mittelamerika verbringt. Zum einen wandern bei uns Falter nie in solchen Mengen, zum andern kaum in geschlossenen Wanderzügen, sondern in der Regel einzeln und auf breiter Front. Besonders an windstillen sonnigen Herbsttagen kann man aber in den Alpen und Voralpen regelmäßig in südlicher Richtung ziehende Falter beobachten. An manchen Alpenpässen kommt es durch Trichterwirkung zu stärkeren Konzentrationen; so gilt der Col du Cou in der Westschweiz für die Beobachtung nicht nur von Zugvögeln sondern auch von Wanderfaltern und anderen Insekten als besonders ergiebig. In welcher Weise sich wandernde Insekten orientieren, ist wie vieles andere in diesem Zusammenhang noch weitgehend unerforscht.
Zu den Arten, die innerhalb Mitteleuropas oder zwischen Mittel- und Nordeuropa mehr oder weniger ausgedehnte und regelmäßige Wanderungen unternehmen, gehören Schwalbenschwanz, Großer und Kleiner Kohlweißling, Postillion, Admiral, Distelfalter und Trauermantel.

**Schmetterlinge schützen**

Früher drückte sich die Bewunderung der Menschen für die Schönheiten der Natur oft in einer Sammelleidenschaft aus, die gelegentlich mit ein Grund dafür war, dass bestimmte Pflanzen-

Blumenreiche Wiesen und staudenreiche Raine sind Voraussetzungen für ein Überleben unserer Schmetterlinge.

Um Schmetterlingen dauerhaft eine Überlebenschance in unserer Kulturlandschaft zu geben, bedarf es nicht nur »Schmetterlingssträucher« oder anderer Falterblumen in den Gärten, sondern auch geeigneter Futterpflanzen für die Raupen.

und Tierarten immer seltener wurden. Auch heute gibt es noch die Sammler von Vogeleiern, Käfern, Schmetterlingen und anderen Insekten aus Gründen der Ästhetik oder Wissenschaft. Glücklicherweise ersetzen heute aber Fotos vielfach das Präparat für den Liebhaber des Schönen, und auch die wissenschaftliche Systematik benötigt nur noch in Sonderfällen Ergänzungen bestehender Sammlungen.

Heute droht den Faltern wie den meisten selten werdenden Tier- und Pflanzenarten Gefahr von ganz anderer Seite: Die Zerstörung ihrer Lebensräume insbesondere durch die Chemisierung und Technisierung der Land- und Forstwirtschaft ist der Grund dafür, dass ein buntes Falterleben so selten zu sehen ist wie eine bunte Blumenwiese. Wobei die Vernichtung geeigneter Raupenfutterpflanzen durch Monokultur, frühe Mahd und Herbizide wohl noch schwerer wiegt als die Vernichtung geeigneter Blütenpflanzen als Nahrungsgrundlage für die Falter. Auch die oft völlig unnötig erscheinende Ordnungswut, mit der Bahn- und Straßenböschungen, Dämme und Gräben, Weg-, Straßen- und Waldränder zu Tode gepflegt werden, zerstört immer mehr der letzten Refugien für Falter, vernichtet ihre Eier und Raupen und deren Nahrungspflanzen. Hinzu kommen all jene Falter und Raupen, die dem Einsatz von Insektiziden zum Opfer fallen.

Von den etwa 1300 Großschmetterlingsarten Mitteleuropas sind 28 Arten bereits ausgestorben, über 500 Arten (40%) in ihrem Bestand gefährdet. Ein großer Teil der gefährdeten Arten sind Bewohner waldfreier Lebensgemeinschaften (ohne Moore). Hier wirkt sich neben den oben genannten Ursachen auch die Aufgabe extensiver Nutzungsformen wie die Schafbeweidung von Heiden und Halbtrockenrasen aus.

Der Vernichtung warmer Trockenstandorte durch Aufforstung oder landwirtschaftliche Intensivierung fallen viele weitere Falterarten zum Opfer. Schmetterlinge der Feuchtgebiete gehören ebenfalls zu den großen Verlierern. Die Rückgänge bei im Wald lebenden Falterarten gehen auf Nadelholzaufforstungen ehemaliger Laubwälder und die Umstrukturierung von Nieder- und Mittelwäldern in Hochwälder zurück.

Wenn nicht rasch zumindest ein »Randstreifen-Programm« in Mitteleuropa mit wirksamen Mitteln durchgesetzt wird, werden bald nicht einmal mehr die häufigsten Falter unsere erwartungsvoll gepflanzten »Schmetterlingssträucher« (Buddleia) besuchen. Es muss aber auch gesagt werden, dass viele Gartenbesitzer, die mit allen möglichen Falterblumen die schönen Gaukeltiere anzulocken versuchen, ebenso unbarmherzig wie kurzsichtig jede Brennnessel aus ihrem Garten verbannen, jedes Räupchen mit Gift vernichten. Gerade die Gartenbesitzer und die Verwalter öffentlicher Grünanlagen könnten, da sie nicht unter Produktionszwang stehen, durch eine etwas natürlichere Gestaltung und Pflege viel zum Überleben der Schmetterlinge, vieler anderer Insekten und damit auch der Vögel und anderer Insektenfresser beitragen. Allein mit einigen dauerhaften Inseln von Brennnesseln könnten wir Kleinem Fuchs, Tagpfauenauge, Landkärtchen, Admiral und einigen weiteren Arten die Fortpflanzung ermöglichen. Wenn wir dann auch noch Hochstauden wie Wasserdost, Disteln, Goldrute usw. hegen oder dulden, so haben nicht nur die Raupen sondern auch die Falter gute Überlebenschancen.

Alle Tagfalter bis auf einige Weißlinge stehen übrigens in Deutschland samt ihren Eiern, Raupen und Puppen unter Naturschutz.

## Zur Benutzung dieses Bandes

Der Titel dieses Bandes, Tagfalter, bezeichnet – im Gegensatz zu den Nachtfaltern – eine wissenschaftlich abgrenzbare, weil durch Verwandtschaft gekennzeichnete Überfamilie der Schmetterlinge, deren Vertreter am Fühlerende eine knopf- oder keulenförmige Verdickung tragen. Ein weiteres Charakteristikum der Echten Tagfalter (Papilionoidea) sind ihre breitflächigen, oberseits meist bunt gefärbten Flügel, die in Ruhe über dem Leib zusammen geklappt werden.

In Mitteleuropa fliegen etwa 200 Arten der Echten Tagfalter aus den Familien der Ritter-, Flecken- und Augenfalter sowie der Weißlinge und Bläulinge. Die mit ihnen nicht näher verwandten, aber ebenfalls tagaktiven Dickkopffalter bezeichnet man als Unechte Tagfalter. Alle übrigen Schmetterlinge werden als Nachtfalter bezeichnet, was aber nichts über ihre verwandtschaftlichen Beziehungen aussagt und in vielen Fällen sogar ausschließlich tags fliegende Gruppen einschließt, so etwa die Widderchen oder das zu den Schwärmern gehörende Taubenschwänzchen, das wie ein kleiner Kolibri vor den Blüten in der Luft steht und Nektar saugt. Wir haben daher einen besonders häufigen und auffälligen Vertreter der tagaktiven »Nachtfalter« mit in diesen Band aufgenommen, das zu den Widderchen gehörende Blutströpfchen.

In Deutschland bedrohte Arten sind mit ihrem Rote-Listen-Status gekennzeichnet: RL1 = vom Aussterben bedroht, RL2 = stark gefährdet, RL3 = gefährdet.

## Segelfalter

*Iphiclides podalirius*

(Ritterfalter)

RL2

Gürtelpuppe

**Aussehen:** Mit einer Flügelspannweite von 50–70 mm (das ♀ wird etwas größer als das ♂) gehört dieser prächtige Ritterfalter zu unseren größten und in Form und Farben besonders exotisch anmutenden Tagfaltern. Auf hellgelber Grundfarbe, die bei der 2. Generation blasser ist als bei der 1., ziehen sich vom Vorderrand der Vorderflügel 6 schwarze Querbänder unterschiedlicher Länge nach hinten und greifen teilweise auf die Hinterflügel über (Totalzeichnung). Die Hinterflügel sind zu langen schwalbenschwanzförmigen Zipfeln ausgezogen und weisen eine besonders schöne Zeichnung in den Farben Blau, Schwarz, Gelb und Orange auf. Auf der Unterseite der Hinterflügel verläuft ein orange gefülltes Band, das der 2. Generation jedoch fehlt. Die Stirn ist stark behaart. **Vorkommen:** Der Falter ist in Europa südlich der Mittelgebirge verbreitet, nördlich der Alpen aber nirgends häufig. Segelfalter bevorzugen Obstgärten in warmen Gegenden und versammeln sich gerne um Hügelkuppen. Im Elsaß und Maintal, in Mähren und Niederösterreich tritt wie südlich der Alpen eine 2. Generation auf. Die 1. ist dunkler, hat einen schwarzen Hinterleib und fliegt von Mai bis Juni, die 2. ist heller mit gelblichem Hinterleib und fliegt von Juli bis August/September. In den Alpen geht die Art nicht über 1600 m. **Entwicklung:** Die kugelförmigen, gelblichgrünen Eier tragen eine netzförmige Struktur und werden einzeln an der Blattunterseite abgelegt; vor dem Schlüpfen sind sie fast schwarz. Die junge Raupe ist schwärzlich, beborstet und trägt grüne Rückenflecken. Nach der 1. Häutung sind die Raupen grün mit gelben Längslinien und Schrägstrichen sowie rotbraunen Punkten. Sie sind merkwürdig bucklig geformt, glatt, nach hinten stark verjüngt und ausgewachsen 30–40 mm lang (s. Foto unten). In Mitteleuropa findet man die Raupen im Juni und Juli. Die Sommerpuppen sind grün, die überwinternden gelb oder braun (s. Zeichnung). **Futterpflanzen:** Die Raupen fressen die Blätter von Schlehe, Traubenkirsche, Kirsche und Weißdorn, im Süden auch von Pfirsich- und Mandelbäumen. **Allgemeines:** Die Puppen der 2. Generation überwintern als Gürtelpuppe. Nördlich der Alpen kommen Segelfalter nur in einigen wärmeren Gegenden vor, sind aber auch hier nirgends mehr häufig. Der starke Rückgang wird auf das Verschwinden von Schlehenhecken und andere Maßnahmen der »Landeskultur« zurückgeführt.

## Schwalbenschwanz

*Papilio machaon*

(Ritterfalter)

RL3

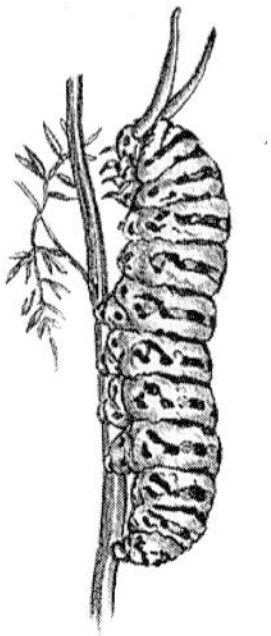

Raupe mit ausgestülpter Nackengabel

**Aussehen:** Die Spannweite dieses schönen und stattlichen Falters beträgt 55–75 mm. Die Vorderflügel weisen auf schwarzem Grund zwei Reihen großer und eine Reihe kleiner gelber Flecken auf. Dieses Muster erstreckt sich auch auf die Hinterflügel, die am Grund fast ganz gelb sind, an der Innenseite einen großen rotorangen Punkt tragen und in zwei kurz Schwanzspieße auslaufen; die blaue Fleckenreihe ist nur in der 2. Generation deutlich, in der ersten fast schwarz. Der Hinterleib der 1. Generation ist überwiegend schwarz, der der 2. gelb mit einem schmalen schwarzen Rückenstrich. **Vorkommen:** Von Nordafrika bis zum Nordkap verbreitet, in England nur im Osten. Die Art fliegt in offenem Gelände von den Meeresküsten bis in eine Höhe von 2000 m; bevorzugt werden Hügelkuppen aufgesucht. Die Falter fliegen in Mitteleuropa im April/Mai und Juli/August; sie wandern oft über größere Entfernungen. **Entwicklung:** Im Norden eine Generation, bei uns zwei, im Süden 3–4. Die kugeligen Eier mit schwacher Struktur sind anfangs hell, später dunkel. Die junge Raupe ist schwarz mit roten Warzen und einem großen weißen Rückenfleck. Die erwachsenen Raupen sind grün-schwarz geringelt, mit je 6 orangen Punkten in den schwarzen Ringen; bei Gefahr stülpen sie eine rötliche Nackengabel aus (s. Zeichnung). Die braune oder grüne Puppe ist mit einem Gürtelfaden befestigt. **Futterpflanzen:** Die Raupen leben im Mai/Juni und August/September auf Doldengewächsen (Möhre, Pastinak, Dill, Kümmel, Haarstrang...). **Allgemeines:** Der Schwalbenschwanz überwintert als Puppe. Die Falter sind ausdauernde Flieger, nehmen nur wenig Nahrung auf und sterben nach der Fortpflanzung im Alter von wenigen Wochen. Auch der Schwalbenschwanz ist bei uns deutlich seltener geworden, wenn er auch häufiger ist als der wärmeliebende Segelfalter. Da die Futterpflanzen der Raupen als Hochstauden an Wegrändern, Bahndämmen und ähnlichen Randstrukturen wachsen, wirken sich frühzeitige Pflegemaßnahmen fatal aus. In unseren Gärten können wir viel für die Erhaltung der gefährdeten Art tun, indem wir Doldenblütler anpflanzen und zur Reife kommen lassen. – Die in den Tropen sehr arten- und formenreiche Gattung *Papilio* ist bei uns nur mit dieser einen Art vertreten.

## Apollofalter

*Parnassius apollo*

(Ritterfalter)

RL1

← Körperende

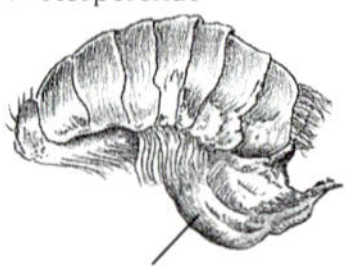

Begattungstasche (Sphragis) vom Alpenapollo

← Körperende

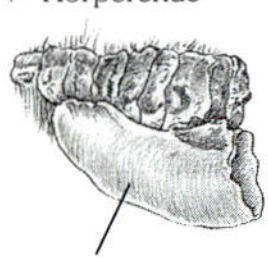

Begattungstasche (Sphragis) vom Schwarzen Apollo

**Aussehen:** Die Flügelspannweite misst 65–75 mm. Unverkennbar sind die großen roten Augenflecken auf der Oberseite der Hinterflügel, allerdings können sie manchmal auch gelblich und wenig auffällig sein; sie sind beim ♂ kleiner als beim ♀, das man nach der Begattung außerdem an einem pergamentartigen Anhang (Sphragis) auf der Unterseite des Hinterleibendes erkennt (s. Zeichnung). Färbung und Zeichnung der Apollofalter variieren stark. – In höheren Lagen der Alpen kommt an feuchten Stellen mit Fetthennen-Steinbrech außerdem der sehr ähnliche Alpenapollo (*P. phoebus*) vor, er ist etwas kleiner und weist auch am Vorderrand der Vorderflügel einen kleinen roten Augenfleck auf. In niedrigeren Lagen kann man auf Waldwiesen mit Lerchensporn den Schwarzen Apollo (*P. mnemosyne*) antreffen, dem die roten Augenflecken fehlen. Beide Arten sind ebenfalls vom Aussterben bedroht. **Vorkommen:** Der Apollo ist im südlichen Skandinavien und im mittel- und südeuropäischen Bergland meist inselartig verbreitet. Bei uns kommt er nur in Höhen zwischen 750 und 1800 m, gelegentlich bis über 2000 m vor. Sonnig-felsige offene Landschaften, wo die Raupenfutterpflanze vorkommt, sind ihr Lebensraum. Der Falter fliegt in einer ausgedehnten Generation von Juni bis September, in warmen Lagen schon ab Mai. **Entwicklung:** Die flachen Eier sind weiß, glänzend und körnig. Aus ihnen schlüpfen meist erst im nächsten Jahr Raupen, die ausgewachsen bis 50 mm lang sind. Ihre Grundfärbung ist samtschwarz; blaue Warzen und eine Reihe oranger Punkte auf jeder Seite geben ihnen ein recht farbiges Aussehen (unteres Foto). Sie leben gesellig und fressen nur bei Sonnenschein. Die Puppe ist dick und stumpf, rotbraun und leicht bläulich bereift. Sie liegt in einem lockeren Gespinst am Boden, oft unter Steinen. Die Puppenruhe dauert zehn Tage bis mehrere Wochen. **Futterpflanzen:** Der Apollo gehört zu den hoch spezialisierten Arten; seine Raupen fressen nur Fetthennenarten (*Sedum*), bei uns den Weißen Mauerpfeffer. **Allgemeines:** Die fertig entwickelten Räupchen überwintern meist im Ei. Die etwas schwerfällig fliegenden Falter saugen gerne an den Blüten von Disteln. Wegen der hohen Nahrungsspezifität der Raupen ist der Apollo allenfalls örtlich häufig. Schmetterlingssammler haben über Jahrzehnte der heute streng geschützten Art übel mitgespielt und vermutlich einige Lokalpopulationen ausgerottet. Die Erhaltung der Lebensräume mit den erforderlichen Raupenfutterpflanzen ist der beste Schutz.

## Großer Kohlweißling

*Pieris brassicae*

(Weißlinge)

Weibchen

**Aussehen:** Spannweite 50–60 mm. Charakteristisch ist die breit braunschwarze Vorderflügelspitze; ♀ mit 2 schwarzen Flecken auf der Oberseite (s. Zeichnung), ♂ auf der Unterseite des Vorderflügels; in der Frühjahrsgeneration oft gelbliche Hinterflügel. **Vorkommen:** Die Art kommt außer in Nordskandinavien in ganz Europa vor, lebt in offenen Landschaften und fliegt im Gebirge bis 2000 m. 2 (–3) Flugzeiten: April/Mai, Juli/August (September/Oktober). **Entwicklung:** Die Eier sind kegelförmig, goldglänzend und werden in Haufen auf und unter den Blättern abgelegt. Die oberseits bläulichgrüne Raupe hat eine gelbe Unterseite und gelbe Rücken- und Seitenstreifen, die Seiten sind schwarz punktiert (linkes Foto). Die Gürtelpuppe ist gelblichgrün mit schwarzen Punkten. **Futterpflanzen:** Raupen fast ausschließlich an kultivierten und wild wachsenden Kohlgewächsen, die Falter an Disteln und anderen Blüten. **Allgemeines:** Überwinterung als Puppe. Die Sommergeneration tritt in manchen Jahren sehr zahlreich auf, zieht auch in größeren Schwärmen über weite Strecken und kann in Kohlkulturen schädlich werden. Hauptfeind der Raupen ist eine kleine parasitische Brackwespe; die Larven einer Zehrwespe vernichten viele der Puppen.

## Kleiner Kohlweißling

*Pieris rapae*

(Weißlinge)

Weibchen

**Aussehen:** Mit einer Spannweite von 40–50 mm deutlich kleiner als vorige Art; dunkle Flügelspitzen und Flecken (s. Zeichnung), besonders beim ♂ nur undeutlich; Hinterflügel-Unterseite gelblich. Fliegt in 2–3 nicht scharf getrennten Generation von März bis Oktober. Es gibt eine ganze Reihe ähnlicher Arten, die teilweise schwer zu unterscheiden sind. **Vorkommen:** In ganz Europa häufig in Kultur- und Heideland, im Gebirge bis 1800 m. Nach starker Vermehrung können Massenwanderungen beobachtet werden. **Entwicklung:** Die kegelförmigen Eier sind grüngelb und tragen 11 Rippen, sie werden einzeln auf der Blattunterseite abgelegt. Die mattgrüne Raupe trägt einen gelben Rücken- und Seitenstreifen (linkes Foto). Die grünlichen oder bräunlichen Puppen weisen nur geringe schwarze Punktierung auf. **Futterpflanzen:** Die Raupen leben wie die der vorigen Art in der 1. Generation vor allem an wild wachsenden Kreuzblütlern, in 2. und 3. Generation mehr an Kohlarten. **Allgemeines:** Die Art überwintert als Puppe.

## Rapsweißling

*Pieris napi*

(Weißlinge)

Weibchen

**Aussehen:** Spannweite 35–45 mm. Dem Kleinen Kohlweißling recht ähnlich, aber deutlich kräftiger geadert. Das ♀ ist stärker gezeichnet und hat auf der Oberseite des Vorderflügels 2 schwarze Flecken (s. Zeichnung), während das ♂ nur 1 Fleck hat, der in der 1. Generation auch fehlen kann. Die Flügelspitzen und Adern sind in beiden Geschlechtern grau bestäubt. Die Unterseite der Hinterflügel ist beim ♂ gelblich. **Vorkommen:** In ganz Europa in offenem Gelände in Öd- und Kulturland, im Gebirge bis 1500 m. Flugzeit von April bis Oktober. **Entwicklung:** 2–3 Generationen. Die grünlichen, birnenförmigen Eier werden einzeln abgelegt. Die Raupe ist mattgrün und trägt schwarz behaarte Warzen; die Stigmen sind gelb eingefasst. Die Puppe ist blass gelblichgrün mit schwarzen Punkten; überwinternde Puppen sind weißlich. **Futterpflanzen:** Die Raupen ernähren sich hauptsächlich von wildwachsenden Kreuzblütlern, so dass sie kaum schädlich werden. **Allgemeines:** Die Puppen der letzten Generation überwintern. Die Art ist relativ häufig.

## Baumweißling

*Aporia crataegi*

(Weißlinge)

RL4

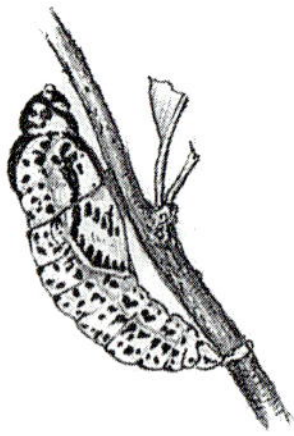

Gürtelpuppe

**Aussehen:** Spannweite 50–65 mm. Durch die kräftig dunkel hervorgehobenen Flügeladern auf weißem Grund ist die Art in beiden Geschlechtern leicht von anderen Weißlingen zu unterscheiden. **Vorkommen:** Fehlt in Großbritannien und im nördlichen Skandinavien. Offenes Gelände mit Hecken und Feldgehölzen ist der bevorzugte Lebensraum. In den Alpen bis 2000 m. Flugzeit ist Mai bis Juli. **Entwicklung:** Eine Generation. Die gelben, kegelförmigen Eier werden in Haufen abgelegt und stehen aufrecht auf der Oberseite der Blätter. Die aschgraue Raupe ist am Rücken schwarz mit 2 breiten orangeroten Längsstreifen (linkes Foto). Die Gürtelpuppe ist hell grünlichgelb mit schwarzen Flecken (s. Zeichnung). **Futterpflanzen:** Die Raupen leben auf Schlehe, Weißdorn, Kirsche, Vogelbeere, Apfel und Birne. **Allgemeines:** Die Raupen überwintern gemeinsam zwischen zusammen gesponnenen Blättern. Die Art tritt von Jahr zu Jahr in wechselnder Häufigkeit auf, insgesamt ist sie in den letzten Jahrzehnten seltener geworden. In Obstgärten kann sie bei starker Vermehrung schädlich werden.

## Zitronenfalter

*Gonepteryx rhamni*

(Weißlinge)

3 Eier auf Blattunterseite

Gürtelpuppe

**Aussehen:** Spannweite 50–60 mm. Nur die Flügel der ♂ sind ober- und unterseits kräftig zitronengelb (auf dem Foto links), die des ♀ dagegen blass grünlichweiß, so dass man es bei oberflächlicher Betrachtung für einen Kohlweißling halten kann. Vorder- und Hinterflügel sind aber elegant geschwungen und zu kleinen Zipfeln ausgezogen. Beide Geschlechter tragen in der Mitte beider Flügelpaare je einen kleinen orangefarbenen Fleck. Überwinternde Exemplare haben oft braune Flecken am Flügelrand. **Vorkommen:** Die Art ist in Europa weit verbreitet und meist häufig. Lichte Wälder mit einem breiten Blütenpflanzensaum sind der bevorzugte Lebensraum des Zitronenfalters. Sie kommen aber auch in die Gärten der Siedlungen und Städte und gehen im Gebirge bis 2000 m hoch. Flugzeiten sind das frühe Frühjahr, der Juli und der Herbst. **Entwicklung:** Paarung und Eiablage finden erst nach Überwinterung der Falter statt, meist im April. Die kegelförmigen, weißgrauen Eier mit 4 Streifen werden einzeln an der Futterpflanze abgelegt (s. Zeichnung). Die mattgrüne Raupe hat einen weißlichen Längsstreifen über den Füßen; der Kopf ist auffallend klein und wie die Stigmen dunkler grün (unteres Foto). Die eckige Gürtelpuppe ist grün mit 2 hellgelben Seitenstreifen und annähernd waagrecht aufgehängt (s. Zeichnung). **Futterpflanzen:** Man findet die Raupen von Mai bis Anfang Juli an den Blättern von Faulbaum und Kreuzdorn. **Allgemeines:** Im Gegensatz zu den meisten Tagfaltern, die nur wenige Wochen leben, ist der Zitronenfalter ausgesprochen langlebig. Allerdings verbringt er einen großen Teil seines fast einjährigen Falterlebens in Ruhestarre. Die Falter schlüpfen Anfang Juli, fliegen 8–10 Tage und verfallen dann in eine Sommerstarre. Erst im September/Oktober fliegen sie noch einige Zeit, fallen aber alsbald wieder in eine Winterstarre, aus der sie erst die Frühlingssonne wieder erweckt. Für ihren Winterschlaf suchen sie nicht, wie etwa Pfauenauge und Kleiner Fuchs, besonders geschützte Stellen auf, sondern verbringen ihn frei an einem Grashalm am Waldrand oder an einem immergrünen Zweig. Frost und Schnee können ihnen kaum etwas anhaben.

## Aurorafalter

*Anthocharis cardamines*

(Weißlinge)

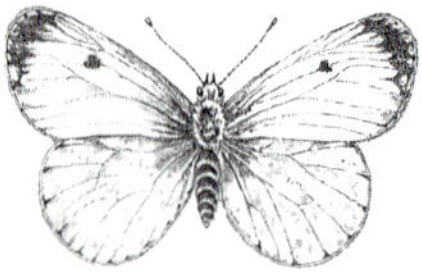

Weibchen

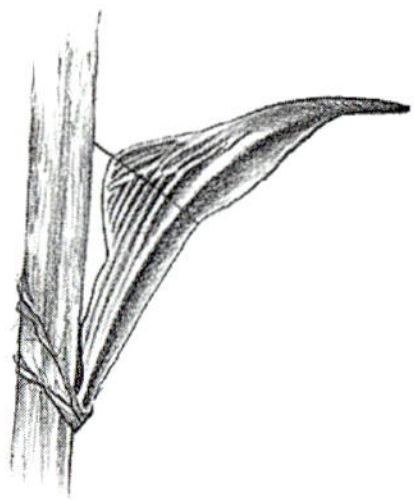

Gürtelpuppe

**Aussehen:** Spannweite 35–45 mm. Ein überwiegend weißer Falter, dessen ♀ dem Kleinen Kohlweißling recht ähnlich sieht (s. Zeichnung). Beim ♂ ist jedoch die äußere Hälfte des Vorderflügels leuchtend orange mit dunkler Spitze (oberes Foto). Beide Geschlechter haben einen kleinen schwarzen Fleck in der Mitte des Vorderflügels und charakteristisch rindenartig grün-weiß marmorierte Unterseiten der Hinterflügel (Foto unten rechts). Die ♂ sind bei uns mit keiner anderen Art zu verwechseln. **Vorkommen:** In ganz Europa verbreitet, außer im äußersten Norden. Lichte Wälder, feuchte Waldränder und blumenreiche nasse und trockene Wiesen, in den Alpen bis 2000 m, sind die Fluggebiete der Aurorafalter. Die Flugzeit liegt gewöhnlich im Mai und Juni, im Süden früher, im Norden und im Gebirge bis zu einem Monat später. **Entwicklung:** Nur eine Generation. Die tonnenförmigen, niedrigen Eier tragen 13 Längsrippen und sind weißgrün, später rötlich. Sie werden einzeln an Stängel und Blüten der Nahrungspflanze abgelegt. Aus ihnen schlüpfen zunächst bräunliche, später blaugrüne Raupen mit feinen schwarzen Punkten, weißen Seitenstreifen und weißlicher Rückenlinie auf dem 1. und 5. Segment (Foto unten links). In der Form ähneln sie den Schoten ihrer Wirtspflanzen. Sie verpuppen sich nach etwa 5 Wochen. Die grüne oder bräunliche Gürtelpuppe hat einen weißlichen Seitenstreifen und feine rötliche Striche, ihr schlank zugespitzter, stark zurückgebogener Kopfteil hat eine dunkle Spitze. Sie ist mit dem Kopf nach oben befestigt und täuscht durch ihre Form einen Dorn vor, um so besser vor Fressfeinden geschützt zu sein (s. Zeichnung). **Futterpflanzen:** Man findet die Raupen im Juni/Juli an Schaumkraut, Rauke, Gänsekresse und anderen Kreuzblütlern. **Allgemeines:** Überwinterungsstadium ist die Puppe; manchmal schlüpft der Falter erst nach dem 2. Winter. Aurorafalter waren früher vielerorts häufig, heute sind sie viel seltener. Wie so vielen Schmetterlingsarten kann auch ihnen nur durch Erhalt von Unkrautfluren geholfen werden. Dazu können auch die Besitzer größerer Gärten beitragen.

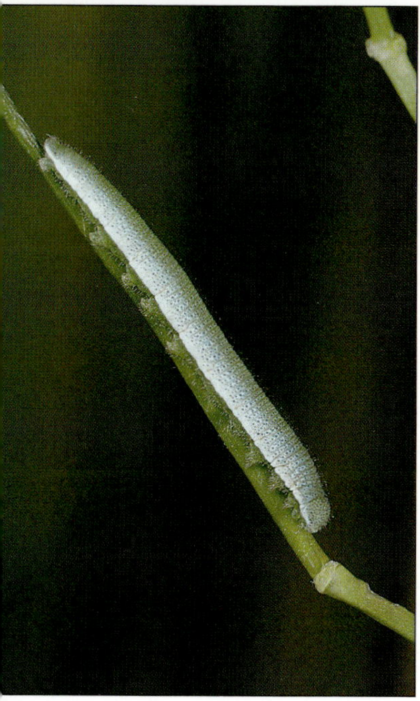

## Hochmoorgelbling, Zitronengelber Heufalter

*Colias palaeno*

(Weißlinge)

RL2

Raupe auf Rauschbeere

**Aussehen:** Alle 7 in unserem Gebiet vertretenen Heufalterarten sind mittelgroße Falter von gelber oder orangeroter Grundfarbe mit breitem schwärzlichen Saum. Vorderflügel mit schwarzem, Hinterflügel mit farbigem Mittelfleck. Fühler, Beine und Fransen meist rot. Die ♂ des Hochmoorgelblings sind oberseits blass schwefelgelb, unterseits hellgelb mit graugrüner Bestäubung. Das ♀ ist oberseits weißlich. Beide Geschlechter oberseits mit kräftig schwarzen Rändern besonders der Vorderflügel. Spannweite 40–50 mm. **Vorkommen:** Skandinavien und Mitteleuropa, fehlt in West- und Südeuropa. Das Vorkommen ist eng an das der Raupenfutterpflanze gebunden, so dass Hochmoore ihr eigentlicher Lebensraum sind. Flugzeit ist Juni/Juli, in höheren Lagen bis August. **Entwicklung:** Die grünlichgelben, später roten Eier werden einzeln an der Blattoberseite abgelegt. Die junge Raupe ist bräunlich, die erwachsene samtig meergrün mit schwarzen kurzen Haaren, gelbem Seitenstreifen und weißen, schwarz gesäumten Stigmen (s. Zeichnung). Die grünlichgelbe Puppe hat einen stark gewölbten Rücken. **Futterpflanzen:** Ausschließlich die in Hochmooren und im höheren Bergland wachsende Rauschbeere. **Allgemeines:** Die Raupen überwintern nach der 2. Häutung und sind im Mai erwachsen. In Mitteleuropa selten, im Norden häufig. Schutz durch Erhaltung von Hochmooren.

## Orangeroter Heufalter

*Colias myrmidone*

(Weißlinge)

RL2

**Aussehen:** Spannweite 40–50 mm. Ein kräftig orange gefärbter Falter mit schwarzen Rändern der Oberseite. Das ♀ hat im dunklen Flügelsaum gelbe Flecken. Kann mit dem Postillion (folgende Doppelseite) verwechselt werden, ist aber meist deutlich röter, vor allem auf der Unterseite. **Vorkommen:** Eine osteuropäische Steppenart, die bis München vorkommt. Warme Heiden und Trockensteppen des Flachlands sind ihr Lebensraum. Fliegt im Mai/Juni und von Juli bis September. **Entwicklung:** Das Ei ist lang spindelförmig und rötlich. Es wird einzeln auf der Blattoberseite der Futterpflanzen abgesetzt. Die erwachsene Raupe ist grün, fein schwarz punktiert, mit dunklerem Rückenstreifen, weißlicher Seitenlinie und gelben Stigmen. Die grüne Puppe hat seitlich einen gelben Streifen und einen dunklen Fleck am Hinterleib. **Futterpflanzen:** Die Raupen leben auf Geißkleearten. **Allgemeines:** Es überwintert die erwachsene Raupe. An den wenigen Orten ihres Vorkommens kann die Art recht häufig sein. Ihre Seltenheit ist biogeographisch bedingt.

## Postillion, Wandergelbling

*Colias crocea*

(Weißlinge)

Männchen

**Aussehen:** Spannweite 40–50 mm. Zumindest die ♂ gleichen sehr dem Orangeroten Heufalter (vorige Doppelseite), die dunklen Flügelsäume sind aber von gelben Adern durchzogen (s. Zeichnung). Die größeren ♀ haben dunklere Flügelränder mit recht auffallenden gelben Flecken. Beide Geschlechter tragen im Hinterflügel einen oberseits rötlichen, unterseits weiß gekernten ovalen Fleck. **Vorkommen:** Kommt in fast ganz Europa vor, wandert im Norden aber in jährlich wechselnder Zahl aus dem Süden zu. Blütenreiche Wiesen und auch trockenere, offene Landschaften sind ihr Lebensraum. Tiere der 1. Generation werden nur selten im Mai/Juni nördlich der Alpen beobachtet. Die 2. Generation wandert zahlreich ein und fliegt von Mitte Juli bis Anfang September. Die Falter einer 3., heimischen Generation fliegen von September bis Anfang November. **Entwicklung:** Die schlanken Eier sind an den Enden verbreitert, tragen Längs- und Querrippen und sind grünlichgelb. Die junge Raupe ist schmutzig gelb, dann grün mit weißen Seitenlinien, erwachsen dunkelgrün mit weißem bis rötlichem, gelb gefleckten Seitenstreifen (linkes Foto). Die Puppe ist ähnlich gefärbt. **Futterpflanzen:** Verschiedene Schmetterlingsblütler. **Allgemeines:** Im Süden überwintern die Raupen, bei uns erfrieren sie meist.

## Goldene Acht, Gewöhnlicher Heufalter

*Colias hyale*

(Weißlinge)

Weibchen

Raupe an Luzerne

**Aussehen:** Spannweite 40–50 mm. Die ♂ gleichen blassen Hochmoorgelblingen, haben aber in den bräunlichen Flügelspitzen gelbliche Flecken, die bei den auf weißlichem Grund kräftiger gezeichneten und etwas größeren ♀ noch auffälliger sind (s. Zeichnung). Auf der Unterseite der Hinterflügel ist ein doppelter orangeroter Augenfleck in Form einer Acht. Eine oft im gleichen Gebiet fliegende Zwillingsart (*Colias australis*), kann nur der Spezialist unterscheiden. **Vorkommen:** Die Art fehlt in Norddeutschland und in weiten Teilen Großbritanniens. Die Falter fliegen auf blütenreichen Wiesen, Weiden und Kleefeldern. Flugzeit ist in 2–3 nicht scharf getrennten Generationen von Mai bis November. In den Alpen bis 2500 m. **Entwicklung:** Die ovalen Eier sind zuerst weißlich mit braungelben Streifen, später orangerot bis schwärzlich. Sie werden einzeln auf der Blattoberseite abgelegt. Die grünen Raupen haben gelbe oder rötliche Seitenlinien (s. Zeichnung), die Puppe ist ganz ähnlich gefärbt. **Futterpflanzen:** Die Raupen leben an verschiedenen Kleearten, an Hornklee und Ginster. **Allgemeines:** Die Raupen der Herbstgeneration überwintern nach der 2. Häutung. Die Art ist recht häufig.

## Tagpfauenauge

*Inachis io*

(Edelfalter)

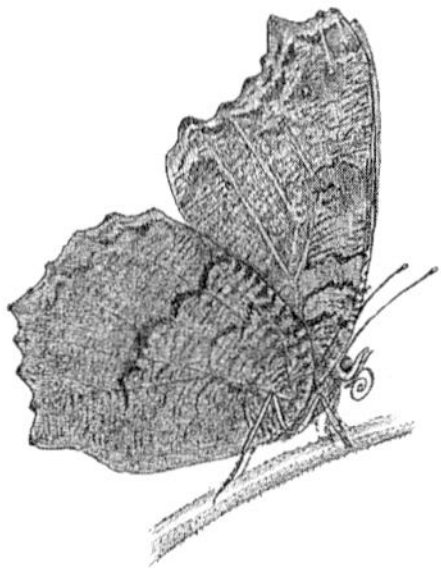

Tagpfauenauge in Ruhestellung

Eier auf Brennnessel

**Aussehen:** Spannweite 50–60 mm. Ein bunter Falter mit auffallenden Augenflecken an den Spitzen der Vorder- und an den Seiten der Hinterflügel, die ihn unverwechselbar machen. Die Flügelunterseiten sind sehr dunkel (s. Zeichnung). Die Flügel sind im Umriss geschwungen und gezackt. Das ♀ ist etwas größer als das ♂. **Vorkommen:** Über nahezu ganz Europa verbreitet. Die Falter fliegen in offenem Gelände, auf blütenreichen Wiesen, an Waldrändern, über Lichtungen, in Gärten. Im Gebirge findet man sie bis in eine Höhe von 2500 m. Man trifft die Falter nach der Überwinterung im April/Mai und nach Schlupf der nächsten Generation von Juli an bis in den Spätherbst. **Entwicklung:** Nördlich der Alpen tritt gewöhnlich nur eine Generation auf, nur in besonders warmen Gegenden folgt eine zweite. Die grünen bis grauen Eier tragen Längsrippen und werden in größerer Zahl an die Triebe der Futterpflanzen abgelegt (s. Zeichnung). Die schwarzen Raupen tragen einfache schwarze Dornen und sind weiß punktiert (Foto unten links). Sie leben gesellig. Die Stürzpuppe (hängend) ist braungrau bis grünlich, trägt zwei Reihen glänzender Dornen und meist mehrere Metallflecken auf der Bauchseite (Foto unten rechts). **Futterpflanzen:** Die Raupen ernähren sich von Brennnesseln oder notfalls von Hopfen. Die Falter saugen gerne an Disteln, Sommerflieder (Buddleia) und anderen engröhrigen Blüten. Im Herbst laben sich die Falter oft in großer Zahl an faulendem Fallobst. **Allgemeines:** Das Tagpfauenauge gehört zu unseren häufigsten und bekanntesten Tagfaltern. Da wie beim Zitronenfalter die ausgewachsenen Insekten überwintern (geschützt in Spalten und Gebäuden), gehören sie auch zu den frühesten Schmetterlingen im Jahr. Augenflecken treten uns immer wieder bei Schmetterlingen entgegen. Man deutet sie als Schrecksignale, die oft mit zuckender Bewegung präsentiert oder beim Abflug sichtbar werden, wenn der Falter von einem Fressfeind überrascht wird. Die Schrecksekunde bei Vogel oder Eidechse mag ihm manchmal das Leben retten. Gegen seine Hauptfeinde, parasitische Fliegen und Schlupfwespen, nützen die Augenflecken natürlich nichts, zumal darunter nur die Raupen leiden. Auch diese Art leidet unter übertriebener Ordnungsliebe und maschinengerechten Agrarlandschaften und dem damit verbundenen Verlust von Nesseln und Blüten. Wer die schönen Falter fördern möchte, sollte in seinem Garten an geeigneter Stelle kleine Inseln aus Brennnesseln dulden und den Faltern nektarreiche Blüten bieten.

## Kleiner Fuchs

*Nymphalis urticae*

(Edelfalter)

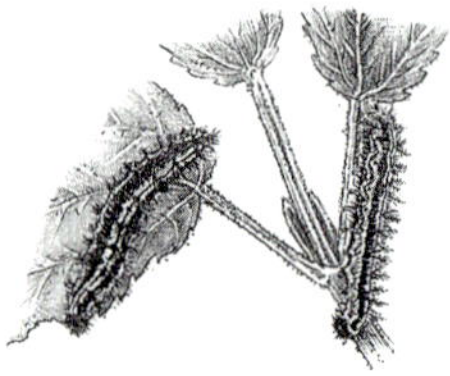

Raupen mit schwarzen Dornen, auf Brennnessel

**Aussehen:** Spannweite 40–50 mm. Ein bunter, nicht sonderlich charakteristisch gefärbter Falter, den man mit dem allerdings wesentlich selteneren Großen Fuchs verwechseln kann. Ähnlich sind fuchsbraune Grundfarbe und schwarze Fleckung des Vorderflügels, anders die blauen Fleckenreihen am Rand von Vorder- und Hinterflügeln. Unterseite der Hinterflügel braunschwarz mit hellerem Rand. **Vorkommen:** Ganz Europa in allen offenen und besonders in blütenreichen Landschaften; im Gebirge bis 3000 m Höhe. Fliegt in 2–3 Generationen von Juni bis zum Spätherbst und nach der Überwinterung im April/Mai. **Entwicklung:** Die tonnenförmigen Eier sind dunkelgrün mit hellgrünen Längsrippen. Die braunschwarzen Raupen tragen unterbrochene gelbliche Rücken- und Seitenstreifen und kurze, meist schwarze Dornen (s. Zeichnung). Die graubraune Puppe hat schwache Goldpunkte (Foto rechts). **Futterpflanzen:** Die Raupen leben gesellig auf Brennnesseln; die Falter saugen im Herbst gern an faulendem Fallobst. **Allgemeines:** Die Art ist überall noch recht häufig, leidet aber ebenfalls am Verlust von Unkrautfluren. Mit Brennnesseln und nektarreichen Blüten können wir sie im Garten fördern.

## Großer Fuchs

*Nymphalis polychloros*

(Edelfalter)

RL3

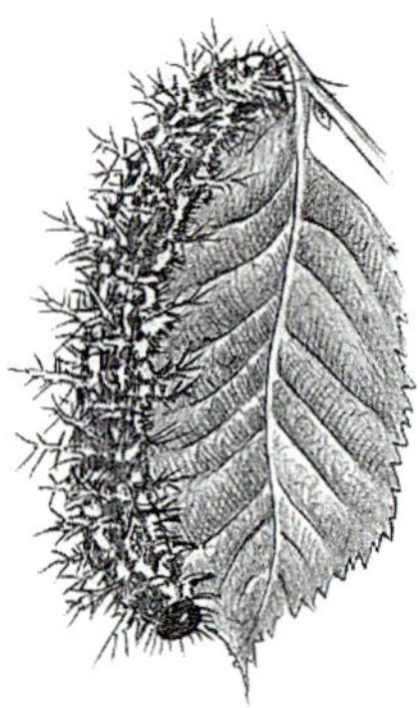

Raupe mit gelben Dornen

**Aussehen:** Spannweite 55–60 mm. Der für den Kleinen Fuchs so typische blaue Fleckensaum ist beim Großen Fuchs nur schwach auf dem Hinterflügel ausgebildet, der weiße V-Fleck in der Spitze des Vorderflügels fehlt. **Vorkommen:** Fehlt in Europa nur in weiten Teilen der Britischen Inseln und Nordskandinaviens. Baumbestandene, aber nicht dicht bewaldete Landschaften mit feuchten, sonnigen Plätzen. In den Alpen bis 1500 m. Fliegt meist nur in 1 Generation von Ende Juni bis in den Herbst und nach der Überwinterung im Mai. **Entwicklung:** Die grünlichen Eier mit 8 Längsrippen werden in Reihen an Zweigspitzen abgelegt. Die schwarzblauen Raupen tragen eine undeutliche, rostfarbene Rückenlinie und gelbe Seitenlinien. Die ästigen Dornen sind rostgelb (s. Zeichnung). Die braune Puppe hat braune Spitzen am Rücken und weist 4 Metallflecken auf. **Futterpflanzen:** Die Raupen leben gesellig in einem lockeren Gespinst auf Ulmen, Kirschbäumen, Weiden und anderen Laubbäumen. **Allgemeines:** Die Falter überwintern in Spalten, Höhlen und Gebäuden. Sie ziehen oft weit umher. Die Art wird seit Jahrzehnten merklich seltener.

## Admiral

*Vanessa atalanta*

(Edelfalter)

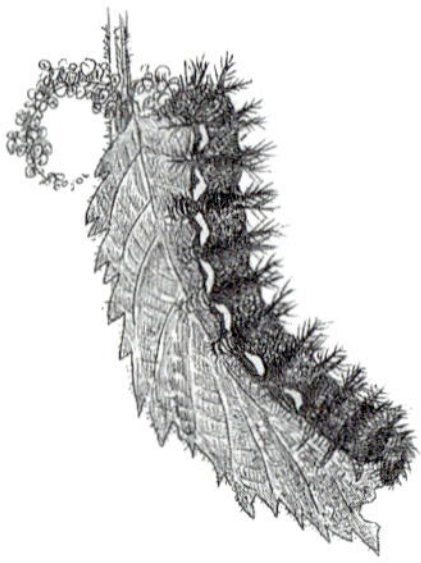

Raupe an Brennnessel

**Aussehen:** Spannweite 50–60 mm. Ein braunschwarzer, prächtiger Falter mit weißen Flecken in den Spitzen der Vorderflügel sowie einem breiten orangeroten Band, das die Vorderflügel quert und sich im Saum der Hinterflügel fortsetzt. Die Unterseite des Vorderflügels ist bunt, die des Hinterflügels kräftig hell- und dunkelbraun marmoriert (Foto unten rechts). Bei uns mit keiner anderen Art zu verwechseln. **Vorkommen:** Ganz Europa. Als Wanderfalter fliegt er jedes Jahr in wechselnder Zahl aus dem Süden in Mittel- und Nordeuropa ein und kann bis 62° nördlicher Breite vordringen. Die unsteten Falter bevorzugen offenes, blütenreiches Gelände, wo sie in manchen Jahren recht häufig sein können. Die Nachkommen der im Frühsommer eingewanderten Falter fliegen von Juli bis Oktober. **Entwicklung:** Nördlich der Alpen überstehen die Falter nur ausnahmsweise den Winter. Die im Mai/Juni zugewanderten ♀ legen ovale grüne Eier mit Längsrippen, aus denen variabel gefärbte, hell- oder dunkelbraune bis schmutziggrüne Raupen schlüpfen, die gelbe Seitenflecken und helle oder schwarze Dornen haben (s. Zeichnung). Man findet sie im Mai/Juni und dann wieder im August/September meist einzeln zwischen zusammen gesponnenen Blättern ihrer Futterpflanze. Die Puppe ist grau oder braun mit kleinen Metallflecken an der Bauchseite (Foto unten links). Die Puppenruhe beträgt 16–19 Tage. **Futterpflanzen:** Große und Kleine Brennnessel, gelegentlich auch Disteln. Die Falter bevorzugen am Stamm austretende süße Baumsäfte und im Herbst den Saft faulenden Obstes. **Allgemeines:** Der Admiral wandert einzeln und daher unauffällig. Da von den im August geschlüpften Faltern wohl nur wenige in den Süden zurück wandern, ist der Herbstzug noch weniger zu bemerken als der Frühjahrszug. Die meisten Tiere der nördlichen Generation fallen den ersten Frösten zum Opfer. Erfreulicherweise zählt der Admiral noch zu den häufigeren Faltern, wenn unsere Bestände auch von der Stärke des Einflugs aus Südeuropa abhängen. In guten Jahren kann man die schönen Tiere sogar mitten in der Stadt beobachten.

## Distelfalter

*Vanessa cardui*

(Edelfalter)

Stürzpuppe

**Aussehen:** Spannweite 50–65 mm. Die dunklen Vorderflügelspitzen tragen einige weiße Flecken, ähnlich denen des Admirals. Die restliche Fläche der Flügeloberseiten ist orange- und dunkelbraun gefleckt. Sehr hübsch in Tarn- und Warnfarben gezeichnet ist die Unterseite der Flügel, die im Hinterflügel 4–5 recht auffällige Augenflecken aufweist (Foto unten rechts). Beide Geschlechter sind gleich gefärbt und gezeichnet. Da das Farbmuster des Distelfalters nicht so einprägsam ist wie das manch anderer Edelfalter, kann man ihn vielleicht mit Kleinem Fuchs oder Kaisermantel verwechseln. **Vorkommen:** Eine weltweit verbreitete Art, die nur in Südamerika und Australien fehlt. Die europäischen Tiere stammen meist aus Nordafrika, von wo aus sie jedes Frühjahr, teilweise das Meer überquerend, den Kontinent besiedeln, manchmal bis zum Nordkap. Als Lebensraum bevorzugt wird offenes blütenreiches Gelände, in dem die Futterpflanzen vorkommen. Da sich Zuwanderer und hier geschlüpfte Falter mischen, kann man die Tiere von Mai bis Oktober fliegen sehen. **Entwicklung:** Nördlich der Alpen kann sich die Art in 2–3 Generationen fortpflanzen. Die dunkelgrünen Eier sind netzförmig gerippt; sie werden einzeln an die Unterseite der Blätter geklebt. Die Raupe ist grüngrau oder schwärzlich mit gelben Flecken, Streifen und Punkten und kurzen, verzweigten gelben Dornen (Foto unten links). Sie lebt wie die des nah verwandten Admirals (vorige Doppelseite) einzeln zwischen zusammen gesponnenen Blättern. Die Puppe ist grau oder braun und trägt auf der Bauchseite goldglänzende Punkte (s. Zeichnung). Nach 14 Tagen schlüpft der Falter. **Futterpflanzen:** Brennnesseln, Disteln oder Kletten. Die Falter besuchen gerne die Blüten vom Sommerflieder und dringen dabei sogar in Stadtgärten vor. **Allgemeines:** Überwinternde Falter sind nördlich der Alpen die Ausnahme, auch Rückwanderer sind selten. Die Bestände rekrutieren sich alljährlich aus der riesigen Zahl von Nachkommen nordafrikanischer Falter; dort fliegen sie das ganze Jahr. Da auch der Distelfalter nicht im Schwarm sondern auf breiter Front wandert, fallen auch seine Wanderungen wenig auf, obwohl viele, viele Millionen Tiere ziehen.

## Trauermantel

*Nymphalis antiopa*

(Edelfalter)

RL3

Flügelunterseite

**Aussehen:** Mit einer Spannweite von 65–70 mm gehört der Trauermantel zu den größten Tagfaltern Europas. Er ist in Größe und Färbung unverkennbar: Die sehr dunkle, purpurn schimmernde Oberseite ist auf beiden Flügelpaaren durch ein breites, gelbliches (nach Überwinterung weißliches) Saumband eingefasst, auf dessen Innenseite ein schwarzes Band mit blauen Flecken angrenzt. ♂ und ♀ sehen gleich aus. Die Unterseite ist fast schwarz mit hellem Saum (s. Zeichnung). Die Flügelränder sind gezackt. **Vorkommen:** Die Art ist in fast ganz Europa verbreitet, fehlt nur in Südspanien, in Griechenland und auf den Mittelmeerinseln. Das atlantisch feuchte Klima Englands und Norwegens sagt ihnen nicht zu, so dass hier auftretende Falter meist von Süden zugewanderte sind. Die Falter fliegen in lichten Wäldern, an Waldrändern, auf Waldlichtungen, in Auen und Gärten. Als gute Flieger tauchen sie aber auch in untypischer Umgebung auf. In warmen Alpentälern steigen sie bis über 2000 m hoch. Sie fliegen in einer Generation von Juli/August bis in den Herbst und nach Überwinterung wieder im Mai. **Entwicklung:** Nach dem Überwintern legen die ♀ Gelege mit 200–250 grünen oder braunen Eiern mit 7 breiten Längsrippen, deren Grat weiß ist. Die schwarzen Raupen tragen schwarze Dornen und eine Reihe roter Rückenflecken (unteres Foto); sie leben gesellig im Juni/Juli. Die bräunlichgraue Puppe besitzt nur kurze Spitzen am Hinterleib und keine Metallflecken. **Futterpflanzen:** Weiden- und Birkenblätter sind die bevorzugte Raupennahrung. Die Falter lieben süße Baumsäfte und gärende Früchte. **Allgemeines:** Der Flug des Trauermantels ist elegant und kräftig und er legt in kurzer Zeit bemerkenswerte Strecken zurück. Langfristige Häufigkeitsschwankungen scheinen für den Trauermantel charakteristisch zu sein. Nach dem Krieg gingen aus unbekannten Gründen die Bestände in Mitteleuropa stark zurück, haben sich aber seither auf niedrigem Niveau gehalten.

## C-Falter

*Nymphalis c-album*

(Edelfalter)

Stürzpuppe

**Aussehen:** Spannweite 48–52 mm. Der C-Falter hat auffallend gelappte Flügel, auf deren orangebrauner, braunschwarz gefleckter Oberseite man vergeblich nach einem Hinweis auf seinen Namen sucht. Erst auf der braun marmorierten bis einfarbig dunkelgrauen Unterseite entdeckt man den kleinen weißen Halbkreis, der ihm den Namen gab (Foto unten rechts). In Südostfrankreich und Italien gibt es eine nah verwandte Art mit hellerer Oberseite, die auf der Unterseite des Hinterflügels statt des C ein weißes Y trägt. In Ungarn, Niederösterreich, Tschechien, Polen und angrenzenden Gebieten lebt eine ähnliche Art mit einem L-Monogramm. In Mitteleuropa sind die Verwechslungsmöglichkeiten aufgrund der gezackten Flügel gering. **Vorkommen:** Bis auf den Norden kommen C-Falter in fast ganz Europa vor. Wälder, Waldränder, Lichtungen, buschreiches Gelände, Auen, Gärten und Parks sind seine Lebensräume; im Gebirge geht er bis in eine Höhe von 2000 m. Zwei Generationen fliegen bei uns, eine im Juni/Juli und eine überwinternde im September und Mai. **Entwicklung:** Die blaugrünen, gerippten, oben abgeplatteten Eier werden einzeln abgelegt. Die dunkelbraune Raupe ist in der hinteren Hälfte am Rücken weiß; ihre Dornen sind orange (Foto unten links). Man findet sie im Mai und Juli in einem leichten Gespinst mit etwas zusammengezogenen Blättern. Die braune Puppe hat einen stark eingeschnürten Rücken, kurze Kopfspitzen und seitliche Metallflecken (s. Zeichnung). Die Puppenruhe dauert 2–3 Wochen. **Futterpflanzen:** Die Raupen fressen an Nesseln, Ulmen, Weiden, Hopfen und anderen Pflanzen. **Allgemeines:** Der C-Falter ist ein ausdauernder Flieger und ziemlich scheu. Die Falter überwintern an geschützten Stellen, die sie teilweise schon im September aufsuchen. Die Häufigkeit schwankt bei uns von Jahr zu Jahr. Insgesamt ist die Art aber in den letzten Jahrzehnten deutlich seltener geworden. Nur in natürlichen Auwäldern kann man C-Falter noch einigermaßen regelmäßig antreffen.

## Landkärtchen

*Araschnia levana*

(Edelfalter)

Raupe

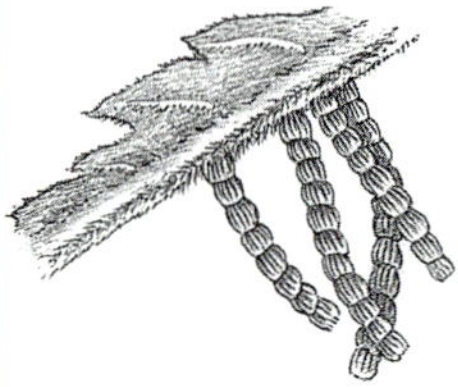

Eiertürmchen

**Aussehen:** Spannweite 36–42 mm. Die von April bis Juni fliegenden Falter sehen zumindest von oben völlig anders aus als die im Juli/August; man nennt solch jahreszeitliche Unterschiede Saison-Dimorphismus. Die Frühjahrsfalter zeigen oberseits eine Verteilung von orangen und dunkelbraunen Flecken und Flächen (oberes Foto), wie man sie ähnlich beim C-Falter und vielen anderen Arten findet. Charakteristisch ist in diesem Kleid die namengebende Unterseite: Auf braunem Grund findet sich ein komplexes Muster von hellen Längs- und Querstrichen, Bändern, Flecken und blau schimmernden Inseln, das an eine bunte Landkarte erinnert. Die Sommerform ist viel leichter an der dunkelbraunen Oberseite zu erkennen, über die sich halbkreisförmig über beide Flügelpaare eine weiße Fleckenreihe zieht, der sich nach außen ein feines rotes Doppelband und ein dünner weißer Saum anschließen (Foto unten links). Die Unterseite der Sommerform ist der der Frühjahrsform ähnlich, aber stärker in breite Bänder gegliedert (Foto unten rechts). Die verschiedenen Färbungen werden durch die Temperaturen während der Umwandlung verursacht. **Vorkommen:** Fehlt in Skandinavien, auf den Britischen Inseln und in weiten Teilen Südeuropas; im Osten bis Japan verbreitet. In Auen und feuchten Wäldern, an Flussufern, Baumreihen und Hecken. Schattige bis halbschattige Bereiche im Hügelland werden bevorzugt; Höhenverbreitung nur bis etwa 1000 m. **Entwicklung:** Die länglichrunden, grünlich gerippten Eier werden übereinander getürmt auf der Unterseite der Blätter abgelegt und stehen wie kleine Perlenketten vom Blatt ab (s. Zeichnung). Die Raupen sind schwarzbraun, fein weiß gefleckt und gestreift, mit dunklen Dornen; der schwarze Kopf trägt 2 stachelige Spitzen (s. Zeichnung). Die bräunlichen Stürzpuppen sind am Hinterende dunkel gefleckt und tragen manchmal Metallflecken. **Futterpflanzen:** Die Raupen ernähren sich ausschließlich von Brennnesseln, bevorzugt von solchen, die unter Gebüsch wachsen. **Allgemeines:** Die Herbstpuppen überwintern. Stellenweise kommt das Landkärtchen noch recht häufig vor. Diese Vorkommen verinseln aber immer mehr, was wohl mit dem Mangel an geeigneten Lebensräumen und der großflächigen Vernichtung ihrer Futterpflanzen zu tun hat.

## Großer Eisvogel

*Limenitis populi*

(Edelfalter)

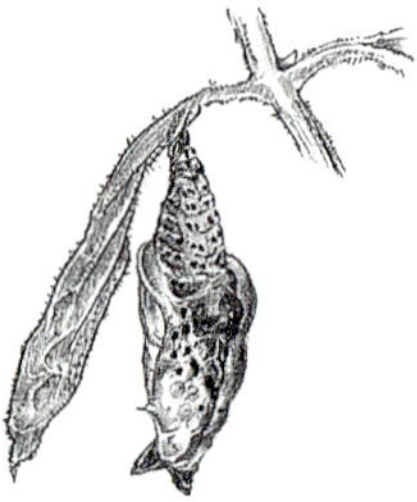

Stürzpuppe

**Aussehen:** Während bei den meisten anderen Tagfaltern die Flügelunterseiten mehr oder weniger tarnfarben sind, leistet sich die Gattung *Limenitis* unterseits recht leuchtende Farben und auffällige Muster und ist dafür oberseits eher bescheiden dunkelbraun mit weißen Fleckenbändern gefärbt. Mit einer Spannweite von 70–85 mm ist der Große Eisvogel deutlich größer als der Kleine Eisvogel (siehe unten), von dem er sich oberseits vor allem durch das rote Band im Hinterflügel, unterseits durch den blauen Saum unterscheidet. **Vorkommen:** Eine mitteleuropäische Art, die im Norden und Süden Europas weitgehend fehlt. Offene feuchte Wälder, in denen die Futterpflanzen vorkommen, sind ihr Lebensraum. Die einzige Jahresgeneration fliegt im Juli. **Entwicklung:** Die ovalen, gerippten Eier werden auf der Oberseite der Blätter abgelegt. Die erwachsene Raupe trägt Dornen und ist grün mit schwärzlichen Schattenzeichnungen und hellen Spiegelflecken, der Kopf ist rotbraun. Die gelblichbraune Puppe ist schwarz punktiert (s. Zeichnung), der Falter schlüpft nach etwa 14 Tagen. **Futterpflanzen:** Zitterpappeln. Die Falter saugen gern an Jauche und Kot und können mit stark riechendem Fleisch und Käse angelockt werden. **Allgemeines:** Die junge Raupe überwintert in einem zusammen gesponnenen Blatt. Die Bestände sind stark zurück gegangen.

## Kleiner Eisvogel

*Limenitis camilla*

(Edelfalter)

RL3

Raupe

**Aussehen:** Spannweite 50–60 mm. Unterschiede zum Großen Eisvogel siehe oben. Im südlichen Mitteleuropa besteht mehr Verwechslungsmöglichkeit mit dem Blauschwarzen Eisvogel (*L. reducta*), von dem sich der Kleine durch doppelte schwarze Punktreihe im orangbraunen Unterseitensaum der Hinterflügel unterscheidet. **Vorkommen:** Verbreitung ähnlich voriger Art. In feuchten Laubwäldern werden bevorzugt sehr schattige Stellen aufgesucht. Die Falter fliegen von Ende Juni bis Juli; die ♂ verteidigen – ebenso wie die des Großen Eisvogels – ein Revier gegenüber Rivalen. **Entwicklung:** Die hellgrünen Eier sind runzelig und behaart, sie werden einzeln abgesetzt. Die Raupen sind grün mit weinroten Dornen (s. Zeichnung), ihr roter Kopf trägt 2 weiße Streifen. Die hellgraue Puppe hat einzelne Metallflecken. **Futterpflanzen:** Die Raupen ernähren sich von den Blättern der Heckenkirsche. Die Falter besuchen die Blüten von Brombeeren und anderen Waldpflanzen. **Allgemeines:** Die junge Raupe überwintert in einem zusammen gesponnenen Blatt. Die Falter fliegen langsam und schwebend. Wenn sie mit ausgebreiteten Flügeln im Lichtgeflimmer des Waldes sitzen, sind sie schwer zu erkennen.

## Großer Schillerfalter

*Apatura iris*

(Edelfalter)

RL3

**Kleiner Schillerfalter**
Männchen

**Aussehen:** Spannweite 60–75 mm. Schillerfalter stehen den Eisvögeln (vorige Doppelseite) in Aussehen und Verhalten sehr nah. Im Gegensatz zu ihnen haben die ♂ oberseits einen blauvioletten Glanz, der aber nur bei bestimmtem Lichteinfall sichtbar ist. Im Übrigen hat die dunkelbraune Grundfarbe und die Verteilung der weißen Flecken und Binden viel Ähnlichkeit mit der der Eisvögel, so dass man bei den ♀ schon recht genau hinschauen muss. Auch die Unterseite ist wie beim Eisvogel lebhaft gefärbt und gemustert und trägt sogar einen großen Augenfleck (Foto unten rechts). Der sehr ähnliche und kaum kleinere Kleine Schillerfalter (*A. ilia*; RL3; s. Zeichnung) unterscheidet sich vor allem durch verwaschenere Muster der Unterseite; die ♂ besitzen zudem einen orangebraunen Augenring auf dem Vorderflügel; er ist bei uns noch seltener als der Große. **Vorkommen:** Von Westeuropa, einschließlich Südengland, durch Mittel- und Osteuropa bis Asien. Die Nordgrenze des Areals verläuft bei uns durch Dänemark und die baltischen Staaten. In Südeuropa kommt die Art nur im Norden vor. Feuchte Laub- und Mischwälder bis 1000 m Höhe sind ihr Lebensraum. Die Flugzeit erstreckt sich von Juni bis August. **Entwicklung:** Die Eier sind zylindrisch, gerippt und gelblichgrün mit etwas Rot. Aus ihnen schlüpft eine braune Raupe, die nach der 1. Häutung 2 vorn blaue Kopfhörner trägt; erwachsen ist sie grün mit gelben Punkten und Seitenstreifen (Foto unten links). Die hängende Puppe ist bläulichgrün mit gelben Schrägstreifen. **Futterpflanzen:** Verschiedene Weidenarten, beim Kleinen Schillerfalter auch Pappeln. Schillerfalter saugen gerne an Mist und Kadavern und können mit faulem Fleisch und stark riechendem Käse angelockt werden. **Allgemeines:** Die jungen Raupen überwintern in einem Gespinst und sind Ende Mai erwachsen. Die Falter kommen nur in den Morgenstunden zum Trinken an den Waldboden und verbringen den Rest des Tages im Kronenbereich. Ihr Flug ist weich und elegant. Die ♂ verteidigen (wie auch die der beiden Eisvogelarten) ein Revier, indem sie Rivalen daraus vertreiben. Die Art ist in den letzten Jahren selten geworden.

## Kaisermantel, Silberstrich

*Argynnis paphia*

(Edelfalter)

Männchen mit dunklen Duftschuppenstreifen im Vorderflügel

**Aussehen:** Die Schecken- und Perlmutterfalter, von denen es in Mitteleuropa etwa zwei Dutzend Arten gibt, sehen sich alle recht ähnlich: Oberseits tragen sie auf orangebraunem Grund ein kompliziertes Muster aus schwarzen (und teilweise gelben) Flecken und Binden, während die Unterseite auf hellerem Grund ebenfalls lebhaft, auch mit Silberweiß, Grün und Rot, gemustert ist. Eine Unterscheidung der Arten ist im Flug oft nicht möglich. – Der Kaisermantel fällt in dieser Gruppe durch seine Größe auf: Seine Spannweite beträgt 60–70 mm. Auf der Oberseite der Vorderflügel verlaufen beim ♂ dunkle Streifen und Bänder parallel zu den Adern; man nennt sie Duftschuppenstreifen (s. Zeichnung). Im Sitzen klappt der Falter seine Flügel zusammen und zeigt auf grünlichem Grund die quer zu den Adern verlaufenden »Silberstriche« der Hinterflügel, die ihm seinen zweiten deutschen Namen gaben (Foto unten rechts). Das ♀ (ohne dunkle Duftschuppenstreifen, oberes Foto) kommt auch in einer olivgrünen Variante vor. **Vorkommen:** Über fast ganz Europa verbreitet, wo lichte Wälder mit blütenreichen Hochstauden bevorzugt werden. Fliegt in einer Generation von Juni bis September. **Entwicklung:** Das grüngelbe, stumpf-konische Ei mit vielen Längs- und Querrippen wird einzeln an die Rinde von Bäumen in der Nähe von Futterpflanzen gelegt. Die erwachsene Raupe ist braunschwarz mit breitem gelben Rückenband und gelben Punkten und Flecken an den Seiten; die Dornen sind dunkelgelb (Foto unten links). Die graubraune Puppe ist unter einem Zweig befestigt und gleicht einem vertrocknetem, zusammengerollten Blatt; sie besitzt spitze Kopfhörner und silberne bis goldene Spitzen. **Futterpflanzen:** Die Raupen fressen nur nachts an Veilchen- und Brombeerarten. Die Falter saugen gern an Distelblüten. **Allgemeines:** Die ganz junge Raupe überwintert (manchmal noch im Ei). Beim Kaisermantel geht der Paarung eine ausgedehnte Balz voraus, bei dem das ♂ das ♀ im Flug verfolgt und dann im Sitzen auffällig die Flügel auf- und zuklappt. Die Art ist noch überall recht häufig.

## Großer Perlmutterfalter

*Argynnis aglaja*

(Edelfalter)

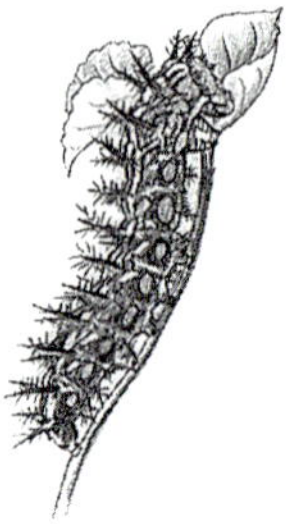

Raupe

**Aussehen:** Spannweite 50–60 mm. Die Art ist nicht leicht von anderen Schecken- und Perlmutterfaltern zu unterscheiden, unter den häufigeren insbesondere vom größeren Kaisermantel (vorige Doppelseite). Auf der Oberseite der Vorderflügel fehlen die für den Kaisermantel typischen dunklen Bänder parallel zu den Adern, auf der Unterseite der Hinterflügel dessen quer zu den Adern verlaufenden Silberstriche. Statt dessen trägt er dort mehrere eiförmige Silberflecken und am Flügelrand eine Reihe halbmondförmiger Silberflecken (unteres Foto). Die Flügel sind von einem schmalen hellen Saum eingefasst. Das ♀ ist oberseits etwas blasser als das ♂. Dem ebenfalls in ganz Europa verbreiteten, aber bei uns selteneren Kleinen Perlmutterfalter *(Issoria lathonia)* fehlen die Ketten nach außen gerichteter schwarzer Halbmonde an den Flügelsäumen, und die Unterseite der Hinterflügel ist nicht grünlich, sondern bräunlich und trägt viel größere Silberflecken. Im Gegensatz zum Großen Perlmutterfalter wandert er in Mitteleuropa jedes Jahr von Südeuropa und Nordafrika zu. **Vorkommen:** Über ganz Europa verbreitet. Bevorzugt werden blütenreiche Waldwiesen und Lichtungen; im Gebirge bis zur Baumgrenze. Fliegt in einer langen Generation von Mai bis August. **Entwicklung:** Die Eier werden einzeln an der Futterpflanze abgelegt; sie sind purpurbraun und tragen 18 Längsrippen. Die schwarzen Raupen haben eine doppelte weiße Rückenlinie, rote Seitenflecken und schwarze Dornen (s. Zeichnung). Im Mai/Juni verpuppen sich die Raupen zwischen zusammengesponnenen Blättern am Grund der Nahrungspflanze. Die Flügelscheiden der dunkelbraunen Puppe sind schwarz gezeichnet. Nach etwa 1 Monat schlüpft der Falter. **Futterpflanzen:** Fast alle mitteleuropäischen Perlmutterfalter-Arten leben als Raupen an verschiedenen Veilchenarten, fressen die Blätter vor allem von Hunds-, Wald- und Sumpfveilchen und vom Wilden Stiefmütterchen. Die Falter selber besuchen bevorzugt die Blüten von Disteln und Brombeeren. **Allgemeines:** Die junge Raupe überwintert in dichter Vegetation nahe dem Boden und frisst (nachts) von März bis Mai. Der Name Perlmutterfalter bezieht sich auf die silbrig glänzenden Flecken auf der Unterseite der Hinterflügel. In geeigneten Lebensräumen kann der Große Perlmutterfalter in manchen Jahren häufig sein.

## Gewöhnlicher Scheckenfalter

*Melitaea cinxia*

(Edelfalter)

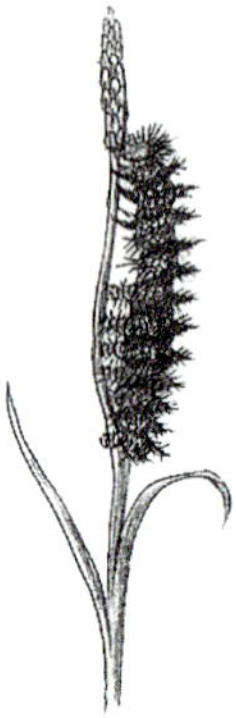

Raupe an Strand-Wegerich

**Aussehen:** Spannweite 35–45 mm. Oberseits schwer von anderen Schecken- und Perlmutterfaltern zu unterscheiden. Unterseits sehr kräftig mit schwarz gesäumten weißen und orangebraunen Feldern und Bändern gemustert (rechtes Foto). Das größere ♀ ist auf dunkelbraunem Grund beige gemustert. Vom sehr ähnlichen Großen Scheckenfalter (*M. phoebe*; RL3) durch schwarze Punkte in den Feldern der Unterseite unterschieden. **Vorkommen:** Die Falter fliegen in fast ganz Europa in offenem, blumenreichen Gelände, auf Wiesen und an Feldrainen, meist in der Nähe von Wäldern; in den Alpen bis 1700 m. Fliegt von Mai bis Juli, im Süden auch in einer 2. Generation von August bis September. **Entwicklung:** Die gelblichen Eier tragen 17–18 Rippen und werden in großer Zahl auf der Blattunterseite der Futterpflanzen abgelegt. Die schwarze Raupe ist mit blauweißen Wärzchen und schwarzen Scheindornen bedeckt; Kopf und Bauchfüße sind rot (s. Zeichnung). Die gedrungene Puppe ist hellgrau mit gelben Warzen. **Futterpflanzen:** Hauptsächlich Wegerich, aber auch Habichtskraut, Veilchen und andere. **Allgemeines:** Mehrere Raupen überwintern gemeinsam in einem Gespinst. In Mitteleuropa noch stellenweise häufig.

## Wachtelweizen-Scheckenfalter

*Melitaea athalia*

(Edelfalter)

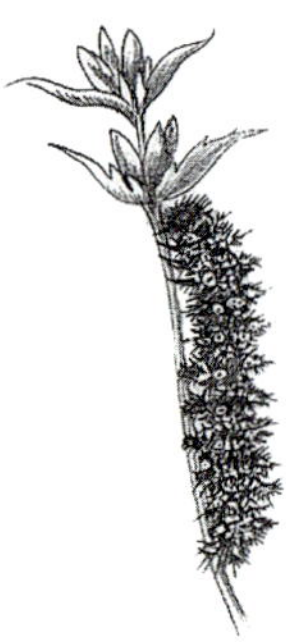

Raupe an Wiesen-Wachtelweizen

**Aussehen:** Spannweite um 40 mm. Ein typischer, dabei sehr variabler Scheckenfalter, der oberseits ein ausgewogenes Muster von dunkelbraunen und orangen Flecken und Bändern zeigt. Unterseits schwer von Silber- und Ehrenpreis-Scheckenfalter (*M. diamina* und *M. aurelia*) zu unterscheiden. Das ♀ ist meist größer und dunkler. **Vorkommen:** In mehreren Unterarten über fast ganz Europa verbreitet. Blütenreiche Berghänge und Hügel werden bevorzugt beflogen. Im Norden fliegt nur 1 Generation im Juni, im Süden eine 2. im Spätsommer. **Entwicklung:** Die kugeligen, schwach gerippten Eier sind blassgelb und glänzen stark; sie werden in Haufen auf der Blattunterseite abgelegt. Die schwarze Raupe trägt gelbbraune Scheindornen, schwarze Haare sowie Querreihen weißer Punkte und gelbgrüne Wärzchen an den Seiten (s. Zeichnung). Die hellgraue Puppe hat schwarze Flecken und am Hinterleib 7 Reihen gelb umzogener Erhebungen. **Futterpflanzen:** Wegerich, Wachtelweizen und andere krautige Pflanzen. **Allgemeines:** Die halberwachsenen Raupen überwintern in einem gemeinsamen Gespinst.

## Schachbrett

*Melanargia galathea*

(Augenfalter)

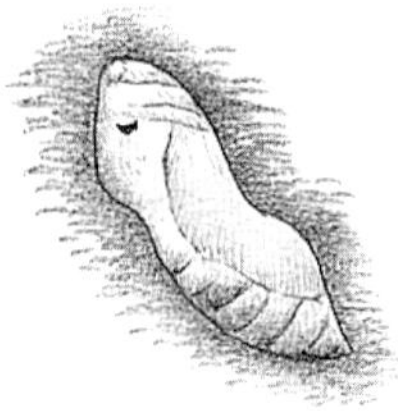

Frei liegende Puppe

**Aussehen:** Die Gruppe der Augenfalter ist vor allem durch zwei Merkmale von den Edelfaltern zu unterscheiden: Sie besitzen in der Regel ober-, vor allem aber unterseits Reihen von Augenflecken im äußeren Flügelbereich und sie scheinen nur 2 Beinpaare zu haben, da das vorderste zu Putzpfötchen umgewandelt ist. Das Schach- oder Damenbrett (Spannweite 45–50 mm) trägt oberseits auf dunkelbraunem bis schwarzem Grund zahlreiche große weiße oder gelbliche, schachbrettartige Flecken, eine Zeichnung, die auch im Flug die Art leicht erkennbar macht. Unterseits heben sich vom hellbeigen Grund (heller beim ♀, dunkler beim ♂) dunkle Linien und Felder ab, und den Hinterflügel zieren 2 vordere und 4 hintere Augenflecken (Foto unten rechts). **Vorkommen:** In Europa bis zur südlichen Ostseeküste verbreitet (mit nördlicher Ausdehnungstendenz). Magerrasen, Mähwiesen, Weiden und Naturwiesen, aber auch Waldränder und Waldwege sind ihr Lebensraum. Die Falter fliegen in einer Generation von Juni bis Anfang August. **Entwicklung:** Die weißen, kugeligen Eier mit schwacher Oberflächenstruktur werden nicht an der Futterpflanzen abgelegt, sondern im Flug ausgestreut. Die Raupen sind grün oder sandfarben mit einer hell gesäumten dunklen Rückenlinie und ebensolchen Seitenstreifen; die Schwanzgabel ist rötlich (Foto unten links). Die hell gelblichgraue Puppe liegt frei auf der Erde (s. Zeichnung). **Futterpflanzen:** Die Raupen fressen nachts an verschiedenen Gräsern. Die Falter saugen Nektar an Flocken- und anderen langröhrigen Wiesenblumen. **Allgemeines:** Das Überwinterungsstadium ist die Raupe. Das Schachbrett fliegt langsam und flatternd und verlässt seinen engeren Lebensraum selten. An geeigneten Stellen, z.B. Magerrasen an sonnigen Hängen, kann es durchaus häufig sein. Die Erhaltung solcher Biotope (z. B. durch Mahd oder Schafbeweidung) ist auch für andere Schmetterlinge und Insekten wichtig.

## Brauner Waldvogel, Schornsteinfeger

*Aphantopus hyperantus*
(Augenfalter)

Raupe

**Aussehen:** Spannweite 40–45 mm. Ein oberseits düster wirkender brauner Falter mit jeweils 2 schwachen Augenflecken auf der Oberseite der beiden Flügelpaare (das ♀ hat je 3 auf den Vorderflügeln). Unterseits ist die Grundfarbe etwas heller, von der sich die 3 Augenflecken auf dem Vorderflügel und die 5 Augenflecken auf dem Hinterflügel durch weiße Ringe und Kerne kräftig abheben (unteres Foto). Grundtönung und Anzahl der Augen können jedoch erheblich schwanken. Viele braune Augenfalter sind ähnlich gefärbt und gezeichnet. **Vorkommen:** In nahezu ganz Europa, fehlt aber im hohen Norden sowie in Spanien und weiten Teilen Italiens. Feuchte Wiesen mit lockerem Baumbestand sind sein bevorzugter Lebensraum; man trifft ihn aber auch in lichten Wäldern; im Gebirge bis 1500 m. Fliegt in einer Generation von Juni bis August. **Entwicklung:** Das fast kugelige Ei ist gelblich bis braun und trägt etwa 40 Längsrippen und eine feine Netzstruktur. Die ♀ lassen die Eier im Flug zu Boden fallen. Die nach hinten stark verjüngte Raupe ist bräunlichgrau mit schwärzlicher Rückenlinie, undeutlich hellen Seitenstreifen und weißem Fußstreifen. Die kurzen Borsten sind bräunlich (s. Zeichnung). Die Raupe verpuppt sich zwischen Gespinstfäden an der Erde. Die sehr gedrungene Puppe ist hellbraun mit dunkelbraunen Längsstreifen und hängt an der Halmbasis der Nahrungspflanze. Nach etwa 2 Wochen schlüpft der Falter. **Futterpflanzen:** Die Raupen fressen an verschiedenen Gräsern. Die Falter besuchen gerne die Blüten von Brombeere und Himbeere. **Allgemeines:** Überwinterungsstadium ist die Raupe. Der Braune Waldvogel gehört in seinen Lebensräumen zu den häufigen Tagfaltern. Typisch ist sein bedächtiger Flug. Wenn er sich niederlässt, klappt er sofort die Flügel zu, so dass man die auffälligen Augenflecken der Unterseite sehen kann.

## Blauäugiger Waldportier

*Minois dryas*

(Augenfalter)

RL2

Raupe

**Aussehen:** Spannweite ♂ um 50, ♀ über 60 mm. Ein düster wirkender Falter. Auf der Oberseite der Vorderflügel sind 2 blau gekernte Augenflecken auf sonst ziemlich einheitlich dunkel bräunlichem Grund recht auffallend. Das erheblich größere ♀ ist etwas heller braun und hat im Vorderflügel größere Augenflecken, die sich von der noch helleren Unterseite kräftig abheben. **Vorkommen:** In Frankreich, Norditalien, Mitteleuropa verbreitet. Lokal auf Heiden, (nassen) Wiesen, Hangrasen, oft mit lockerem Baumbestand; in den Alpen bis 1500 m. Flugzeit Juni bis September. **Entwicklung:** Das Ei ist hoch mit abgeplattetem Pol und etwa 35 Längsrippen. Die erwachsenen Raupen sind gelblich grau mit dunkler Rückenlinie und breiteren dunklen Seitenstreifen (s. Zeichnung). Die gedrungene braune Puppe liegt frei auf der Erde. **Futterpflanzen:** Die Raupen fressen an verschiedenen Gräsern. **Allgemeines:** Die Eier werden von den ♀ im Flug zu Boden fallen gelassen. Die Raupe überwintert und ist im Mai/Juni erwachsen. Für den Falter typisch ist sein hüpfender Flug. Die Art ist bei uns selten.

## Rostbinde, Ockerbindiger Samtfalter

*Hipparchia semele*

(Augenfalter)

RL3

Flügeloberseite

**Aussehen:** Spannweite 50–60 mm. Auf braunem Grund tritt vor allem auf den Hinterflügeln ein mehr oder weniger deutliches, mehrfach unterbrochenes rostgelbes Band hervor, das im Vorderflügel 2, im Hinterflügel 1 Augenfleck trägt (s. Zeichnung). Wird auch Ockerbindiger oder Rotbinden-Samtfalter genannt. Während die Unterseite der Hinterflügel grauschuppig wirkt, sind die Vorderflügel unterseits rostfarben bis gelblich mit 2 schwarzen Augenflecken (Foto rechts). **Vorkommen:** Von Spanien und Frankreich nördlich und südlich der Alpen bis zum Balkan. In Kalkgebieten an sandig-steinigen, trockenen Stellen. Wärmeliebend und daher in den Alpen und im nördlichen Alpenvorland fehlend. Flugzeit ist Juli bis August. **Entwicklung:** Die rundlichen, gelblichen Eier sind gerippt und werden einzeln abgelegt. Die graubraune Raupe trägt eine dunkle Rückenlinie und einen unten schwarz gesäumten rötlichen Seitenstreif. Die Atemöffnungen (Stigmen) sind schwarz (Foto links). Die braune Puppe hat einen kurzen spitzen Hinterleib und liegt in der Erde. **Futterpflanzen:** Verschiedene Gräser. **Allgemeines:** Die Raupe überwintert und ist im Mai erwachsen. In Mitteleuropa nicht häufig.

## Gletscherfalter

*Oeneis glacalis*

(Augenfalter)

RL4

Imago

**Aussehen:** Spannweite 45–55 mm. Ein ziemlich einfarbig hellbrauner Falter mit dunklen Augenflecken und oft nur schwach ausgeprägten dunklen Binden und hellen Säumen (s. Zeichnung). Unterseite der Hinterflügel mit charakteristischen weißen Adern auf dunkelbraun meliertem Grund (wirkt wie bereift), die der Vorderflügel hellbraun mit 2 schwarzen Augen. **Vorkommen:** Nur in den Alpen, dort in Höhen zwischen 2000 und 3000 m in felsigem Gelände mit kurzer Vegetation. Fliegt von Ende Juni bis August. **Entwicklung:** Das weißliche Ei ist oval, unten abgeflacht, mit zahlreichen Längsrippen. Die rötlichbraune Raupe trägt einen feinen Rücken- und breitere Seitenstreifen. Puppe unbekannt. **Futterpflanzen:** Die Raupen fressen an Gräsern; der Falter saugt gerne an den Blüten des Stengellosen Leimkrauts. **Allgemeines:** Die Raupen überwintern wahrscheinlich zweimal, was unterschiedliche Häufigkeit der Falter alle 2 Jahre zur Folge hat. Lokal können Gletscherfalter häufig sein, wegen ihrer geringen Verbreitung ist die Art jedoch potenziell bedroht.

## Milchfleck, Großer Mohrenfalter

*Erebia ligea*

(Augenfalter)

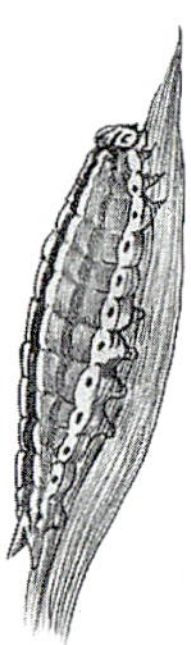

Raupe

**Aussehen:** Spannweite 40–45 mm. Auf sattbraunem Grund zieht sich über Vorder- und Hinterflügel ein orangebraunes Band mit je 3 dunklen Augenflecken (linkes Foto); die Unterseite der Hinterflügel ziert eine dünne weiße Linie (rechtes Foto). Die ♀ sind größer und etwas heller. Von anderen *Erebia*-Arten oft schwer zu unterscheiden. **Vorkommen:** Von den Vogesen über Skandinavien, Mittel- und Osteuropa bis Asien verbreitet; fehlt in anderen Teilen Europas. Lichtungen in Laubwäldern der Mittelgebirge und Alpen sind ihr Lebensraum. Die Flugzeit erstreckt sich von Juni bis August. **Entwicklung:** Das ovale Ei trägt 14–17 Längsrippen und ist auf gelblichem Grund braun marmoriert. Die gelblichgraue Raupe trägt einen hell eingefassten braunen Rückenstreifen und helle Seitenlinien (s. Zeichnung). Die hellbraune, schwärzlich gezeichnete Puppe liegt frei am Boden. **Futterpflanzen:** Die Raupen leben an Bluthirse, Flattergras und verschiedenen anderen Waldgräsern. **Allgemeines:** Es überwintern die jungen Raupen vor oder nach dem Schlüpfen und dann meist noch einmal, so dass die Falter erst im 2. Jahr erscheinen. Der Milchfleck, auch Großer Mohrenfalter oder Weißbandfalter genannt, kommt lokal in unterschiedlicher Häufigkeit vor.

## Rundaugen-Mohrenfalter

*Erebia medusa*

(Augenfalter)

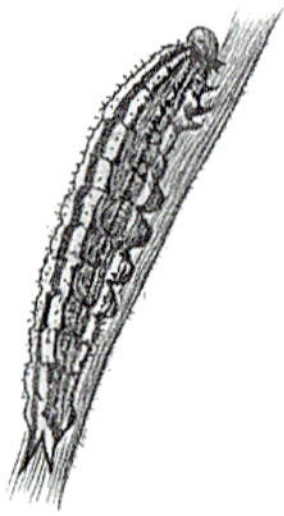

Raupe

**Aussehen:** Spannweite 40–45 mm. Ein oben und unten und in beiden Geschlechtern fast gleich gefärbter, dunkelbrauner Falter. Die weiß gekernten, je 3–4 Augenflecken der Oberseite sind von einer gelbbraunen Zone umgeben. Die Unterseite ist ähnlich gefärbt und gemustert. ♀ sind allgemein etwas heller und haben ausgedehntere helle Zonen um die Augen. Verwechslung mit anderen *Erebia*-Arten ist möglich. **Vorkommen:** Von Mittelfrankreich bis zur Ostsee, fehlt in Nordwestdeutschland. Von Wald umgebene Wiesen und Moore des Flachlands, in den Alpen bis 2600 m. Flugzeit ist Mai/Juni. **Entwicklung:** Das rundliche Ei ist dunkel gefleckt und trägt 17 undeutliche Längsrippen. Die grünen Raupen haben eine weißlich gesäumte dunkle Rückenlinie, helle Seitenlinien und einen weißen Fußstreifen (s. Zeichnung). Die Puppe ist hellbraun. **Futterpflanzen:** Bluthirse, Flattergras und andere Waldgräser. **Allgemeines:** Die Raupen überwintern. Die Art ist in ihrem Areal verbreitet und häufig.

## Waldteufel, Mohrenfalter

*Erebia aethiops*

(Augenfalter)

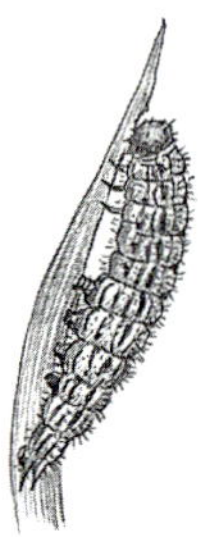

Raupe

**Aussehen:** Spannweite 48–56 mm. Charakteristisch ist ein helles Band auf der Unterseite der Hinterflügel. Die hellbraunen Zonen um die 3 Augenflecken der Vorderflügel verschmelzen auf Ober- und Unterseite zu einem Band. Die Augenflecken der Hinterflügel sind undeutlicher. Die ♀ sind meist heller gefärbt. Verwechslung mit anderen *Erebia*-Arten ist möglich. **Vorkommen:** Von Nordostfrankreich durch Mittel- und Osteuropa, im Süden bis zum Südrand der Alpen. Waldwiesen in offenen Wäldern mit Nadelbäumen. Im Gebirge bis 1700 m. Die Falter fliegen je nach Höhenlage von Juli bis Anfang September. **Entwicklung:** Das ovale Ei ist gelblich, braun gesprenkelt und undeutlich gegittert. Die gelbgrauen Raupen tragen eine feine, hell gesäumte Rückenlinie und oft in Striche aufgelöste Nebenrückenlinien; die Afterspitzen sind sehr kurz (s. Zeichnung). Die kurze dicke Puppe ist bräunlichgelb mit dunkler Rückenlinie und weißlichen Flügelscheiden, sie liegt frei am Boden. **Futterpflanzen:** Verschiedene Waldgräser. **Allgemeines:** Die Raupe überwintert und ist im nächsten Mai/Juni erwachsen.

## Großes Ochsenauge

*Maniola jurtina*

(Augenfalter)

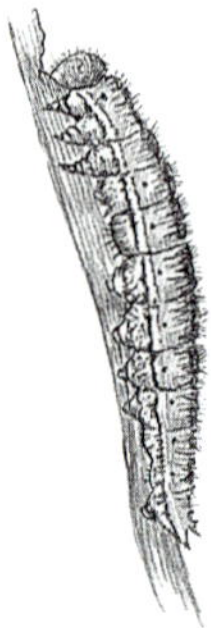

Raupe

**Aussehen:** Spannweite 40–50 mm. Beim ♂ steht auf dunkel graubraunem Grund im Vorderflügel ein Augenfleck, hinter dem eine undeutliche orange Zone liegen kann. Bei den größeren und sehr variablen ♀ ist der Augenfleck größer und kräftiger, geht hinten in einen kleinen Nebenfleck über und ist umgeben von einer mehr oder weniger deutlichen und ausgedehnten orangebräunlichen Zone. Die ♂ sind leicht mit denen des Kleinen Ochsenauges (*M. lycaon*) zu verwechseln, aber meist dunkler. **Vorkommen:** In fast ganz Europa überall auf Grasland verbreitet und sehr häufig; im Gebirge bis 1800 m. Die Flugzeit dauert von Juni bis September, am häufigsten sind die Falter aber im Juni. **Entwicklung:** Die Eier sind rosa, abgestumpft kegelförmig mit 16 Längs- und 12 Querrippen. Die Raupen sind dunkelgrün mit hellgrauem Kopf, dunklem Rückenstreifen und gelblichen Fußstreifen (s. Zeichnung). Die Puppe ist grüngelb und hat schwärzliche Längsbänder. **Futterpflanzen:** Verschiedene Gräser. **Allgemeines:** Die Raupen überwintern an Grashalmen. Dieser wohl häufigste mitteleuropäische Tagfalter fliegt im Gegensatz zu den meisten anderen auch bei bedecktem Himmel.

## Kleiner Heufalter

*Coenonympha pamphilus*

(Augenfalter)

Männchen

**Aussehen:** Spannweite 30–35 mm. Die Oberseite ist weitgehend einfarbig rostgelblich mit schmalem grauen Saum auf beiden Flügelpaaren (s. Zeichnung). Die Unterseite der Vorderflügel ist ähnlich gefärbt, trägt aber einen kräftigen Augenfleck (rechtes Foto). Die Hinterflügel sind unterseits graubraun und können einige undeutliche Augenflecken aufweisen. Die ♂ können mit denen des Großen Heufalters (*C. tullia*) verwechselt werden, deren Unterflügel-Augenflecken aber viel deutlicher sind. **Vorkommen:** In fast ganz Europa überall auf offenem Grasland; im Gebirge bis 1800 m. Flugzeit ist von Mai bis September. **Entwicklung:** 2–3 nicht scharf getrennte Generationen. Die gelbbraunen Eier sind an den Enden abgeflacht und tragen feine Längs- und Querrippen. Die unbehaarten grünen Raupen haben eine doppelte weiße Rückenlinie und gelblichen Fußstreifen (linkes Foto). Die gedrungene Puppe ist grün mit schwärzlicher Strichelzeichnung. **Futterpflanzen:** Verschiedene Gräser. **Allgemeines:** Die Raupe überwintert. Der Kleine Heufalter ist einer der häufigsten Augenfalter.

## Waldbrettspiel

*Pararge aegeria*

(Augenfalter)

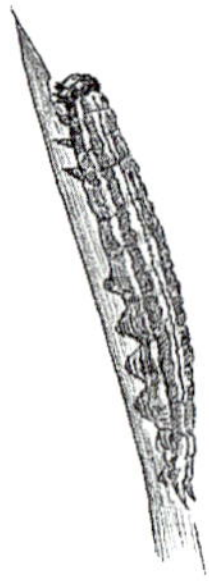

Raupe

**Aussehen:** Spannweite 35–45 mm. Auf hell- bis dunkelbrauner Grundfarbe mehrere helle Flecken, in denen auf dem Vorderflügel ein Augenfleck, auf dem Hinterflügel 3–4 Augenflecken eingezeichnet sind. Der Außenrand der Vorderflügel ist konkav, der Saum der Hinterflügel gewellt. Die Unterseite der Hinterflügel ist grünlich bis bräunlich mit verwaschener Zeichnung. **Vorkommen:** In fast ganz Europa fliegen die Falter am liebsten im Halbschatten von Laubwäldern und sind oft auf Lichtungen und Waldwegen zu sehen. Im Gebirge nur bis 1200–1500 m. Die Falter fliegen in 2 Generationen, von April bis Juni und von Ende Juni bis September. **Entwicklung:** Die kugeligen Eier sind weißlich mit netzartiger Struktur. Die mattgrünen Raupen tragen einen dunkleren Rückenstreifen und doppelte gelbliche Seitenlinien; der Kopf ist grün (s. Zeichnung). Die Puppe ist smaragdgrün bis schwärzlich mit heller gesäumten Flügelscheiden. **Futterpflanzen:** Verschiedene Waldgräser. **Allgemeines:** Die Puppe überwintert nahe dem Boden, oft unter Steinen. Die an sich häufige Art ist vielerorts rückläufig.

## Mauerfuchs

*Lasiommata megera*

(Augenfalter)

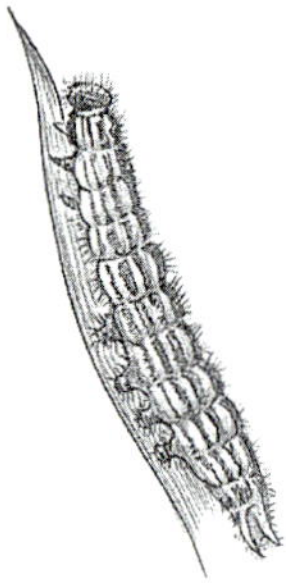

Raupe

**Aussehen:** Spannweite 35–45 mm. Ein hell orangebrauner Falter mit dunkler Netzzeichnung und je einem Augenfleck in den Spitzen der Vorderflügel sowie 3–4 Augenflecken in den Hinterflügeln. Alle Flügel sind breit dunkel gesäumt. Die Unterseite der Hinterflügel ist hell graubraun und weist 6–7 braun gefasste Augenflecken auf. Eine Verwechslung mit dem größeren Braunauge (nächste Doppelseite) und dem dunkleren Braunscheckauge (*L. petropolitana*) ist möglich. **Vorkommen:** Süd- und Mitteleuropa bis 60° nördlicher Breite. Mauerfüchse fliegen bevorzugt an warmen, trockenen und sonnigen Örtlichkeiten, an Wegrändern und anderen sandigen oder felsigen Stellen. Sie fliegen von Mai bis Juni und von August bis September. **Entwicklung:** Die hellgrünen Eier sind oval und tragen 35 Längs- und feine Querrippen; sie werden einzeln abgelegt. Die grüne Raupe trägt einen dunkleren, hell gesäumten Rückenstreifen und weißliche Seitenstreifen; der Kopf ist bräunlich (s. Zeichnung). Die Puppe ist grün oder schwärzlich und trägt im Brustbereich stumpfe Rückenhöcker. **Futterpflanzen:** Verschiedene Gräser. **Allgemeines:** Die Raupen überwintern ab September. Die Art ist weit verbreitet und an geeigneten Stellen noch zahlreich.

## Braunauge
*Lasiommata maera*
(Augenfalter)

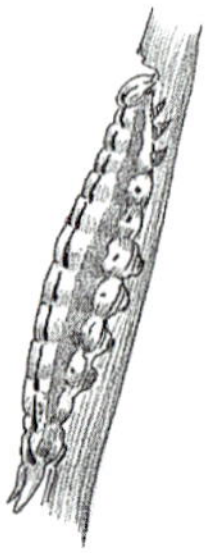

Raupe

**Aussehen:** Spannweite 45–55 mm. Im Unterschied zu dem recht ähnlichen Mauerfuchs (vorige Doppelseite) ist das Braunauge größer und meist von düsterer, grau schimmernder Grundfarbe; die rostroten Flecken sind beim ♂ weniger ausgedehnt. Auch eine Verwechslung mit dem Braunscheckauge (*L. petropolitana*) ist möglich. **Vorkommen:** Fast ganz Europa, nach Norden zu aber seltener. Trocken-steinige, von Wald umgebene Örtlichkeiten im Gebirge sind der Lebensraum dieser Art. In den Alpen findet man die Falter bis zu einer Höhe von 2000 m. Die Falter fliegen in 2 nicht scharf getrennten Generationen von Mai bis September. **Entwicklung:** Die Eier sind stumpf kegelförmig mit zahlreichen Punktreihen. Die hellgrünen Raupen tragen einen dunklen, hell gesäumten Rückenstreifen und einen hellen Seitenstreifen (s. Zeichnung). Die Puppe ist grün oder schwarz und trägt einen Rückenkamm; am Hinterleib finden sich 5 gelbe Knöpfchen. **Futterpflanzen:** Verschiedene Gräser. **Allgemeines:** Die Raupen überwintern eingesponnen an Grashalmen. Nur lokal häufig.

## Gelbringfalter
*Lopinga achine*
(Augenfalter)

**Aussehen:** Spannweite 45–60 mm. Die Falter dieser Art unterscheiden sich von den beiden vorausgehenden durch relativ längere Vorderflügel, hellere Grundfarbe und vor allem durch das Fehlen schwarzer Augenflecken auf der Oberseite. Ihre »Augenflecken« bestehen aus einem gelben Ring um einen dunkler braunen Fleck. Nur auf der Unterseite sind die Flecken im hellen Ring schwarz mit weißem Kern; sie bilden auf Vorder- und Hinterflügel eine Reihe, die außen von einem dreifachen Saum und innen von einem weißlichen Band begrenzt ist. **Vorkommen:** Inselartig von Frankreich bis Polen und weiter östlich; fehlt in NW-Deutschland. Offene Laub- und Mischwälder mit reichem Graswuchs sind ihr Lebensraum. Im Gebirge bis 1000 m. Flugzeit: Juni bis August. **Entwicklung:** Ei unbekannt. Die grünen Raupen tragen drei dunkle Rückenlinien und einen helleren doppelten Seitenstreif. Auch die Puppe ist grün, hat einen eckigen Kopf und trägt im Brustbereich Höcker, 2 weiße Streifen auf den Flügelscheiden und 4 helle Knöpfchen am Hinterleib. **Futterpflanzen:** Verschiedene Grasarten. **Allgemeines:** Die Raupe überwintert an Gräsern. Der Gelbringfalter kann zwar an den Flugstellen zahlreich sein, ist aber durch seine inselartige, lokale Verbreitung insgesamt selten und vielfach im Bestand bedroht.

## Schwarzgefleckter Bläuling

*Maculinea arion*

(Bläulinge)

RL2

Ameise mit einer Raupe des Schwarzgefleckten Bläulings

**Aussehen:** Die Familie der Bläulinge ist sehr artenreich. Es sind überwiegend kleine Falter, zu ihnen gehören die kleinsten Tagfalter überhaupt. In Europa leben rund 100 Arten. Die Geschlechter sehen oft sehr verschieden aus, die ♂ sind oft blau oder kupferfarben, während die ♀ braun sind. Besonders charakteristisch ist die Zeichnung der Unterseite. Die Raupen der Bläulinge sind breit und flach und sehen dadurch fast wie Asseln aus. Sie ernähren sich in den meisten Fällen von Schmetterlingsblütlern. – Spannweite 35–45 mm. Die sehr variabel gefärbten Falter sind oberseits tief blau sowie mit dunklem Saum und einigen dunklen Flecken gezeichnet. Die Unterseite ist hellgrau mit kräftigen dunklen Flecken. Die ♀ ähneln den ♂, haben aber oberseits größere Flecken. Recht ähnlich ist der Kleine Moorbläuling (*M. alcon*) ohne Flecken oberseits beim ♂. **Vorkommen:** Hauptsächlich im mittleren Europa, wo die Art inselartig in trockenem Gelände lebt; in den Alpen bis 2000 m. Flugzeit ist von Ende Mai bis August. **Entwicklung:** Die flach-halbkugeligen Eier sind blass bläulich. Die hell ockergelbe Raupe ist an den Seiten etwas violett. **Futterpflanzen:** Blühender Thymian. **Allgemeines:** Die Raupen überwintern in den Nestern von Ameisen und werden von denen gepflegt (s. Zeichnung). Die Art ist nur stellenweise zahlreich, insgesamt in Deutschland selten und bedroht.

## Brombeer-Zipfelfalter

*Callophrys rubi*

(Bäulinge)

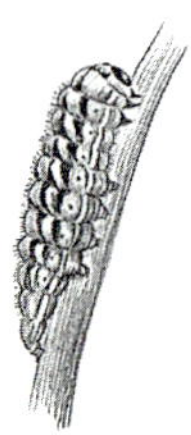

Raupe

**Aussehen:** Spannweite 25–30 mm. Ein kleiner, oberseits graubrauner, unterseits leuchtend grüner Falter, der in dieser Kombination kaum zu verwechseln ist. **Vorkommen:** Ganz Europa. Bevorzugt werden feuchtes Gelände, Waldlichtungen, Waldränder und Gräben mit reicher Vegetation. In den Alpen bis 1800 m. Die Flugzeit ist im Mai/Juni, an günstigen Orten auch im Juli/August. **Entwicklung:** Die Eier sind flach, grün und mit netzartiger Oberfläche. Die dunkelgrünen Raupen haben eine schwarz gesäumte gelbe Rückenlinie und helle Seitenlinien (s. Zeichnung). Die rundliche Puppe ist braun und bringt bei Störung einen zirpenden Ton hervor. **Futterpflanzen:** Ginster, Brombeere, Süßklee, Heidelbeere, Moosbeere, Preiselbeere, Sumpfporst usw. **Allgemeines:** Die Puppe überwintert meist unter Falllaub. Die Falter haben einen schnellen, geraden Flug. Wenn sie sich mit zusammengeklappten Flügeln in der Vegetation niederlassen, sind sie schwer zu entdecken. Die Art ist im Allgemeinen häufig.

## Nierenfleck

*Thecla betulae*

(Bläulinge)

**Aussehen:** Spannweite 35–40 mm. Oberseits braunschwarz mit je einem schwarzen Strich auf Vorder- und Hinterflügeln und einem beim ♂ schwachen beim ♀ deutlichen orangen Feld davor. Die Unterseite ist ockergelb mit gesäumter Querbinde. Die Hinterflügel sind zu 2 kleinen Zipfeln ausgezogen. Das ♀ ist etwas kräftiger gezeichnet. **Vorkommen:** Hauptsächlich in West-, Mittel- und Osteuropa. Landschaften mit Schlehenhecken; im Bergland nur bis 1000 m. Flugzeit ist August/September. **Entwicklung:** Die weißen Eier sind kugelig, an beiden Polen abgeplattet und rau. Die fein behaarte Raupe ist blaugrün mit gelber Rücken- und Seitenlinie sowie gelben Schrägstreifen an den Seiten. Die rundliche Puppe ist sehr glatt und hellbraun mit hellen und dunklen Strichen; sie liegt am Boden. **Futterpflanzen:** Fast ausschließlich Schlehen und Pflaumen, selten Birken, Haseln und Kirschen. **Allgemeines:** Die kleine Raupe überwintert in der Eihülle. Der Nierenfleck oder Birkenzipfelfalter ist eine weit verbreitete, aber nirgends häufige Art.

## (Blauer) Eichenzipfelfalter

*Neozephyrus quercus*

(Bläulinge)

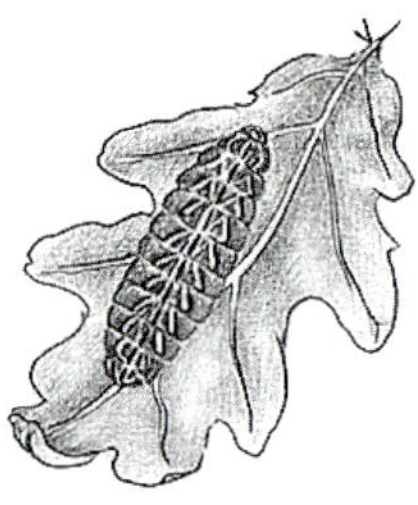

Raupe

**Aussehen:** Spannweite 30–35 mm. Oberseits fast einfarbig braun mit tiefblauem Schimmer (beim ♀ auf einige Felder beschränkt) und schwarzem Saum. Auf der grauen Unterseite verläuft eine weiße, leicht gezackte Linie über beide Flügel, am Innenwinkel der gespornten Hinterflügel sind 2 gelbe Flecken. **Vorkommen:** Süd-, Mittel- und Nordeuropa. Überall in größeren Eichenbeständen. Flugzeit ist Juli/August. **Entwicklung:** Das hellgraue oder bräunliche Ei ist am oberen Pol stark eingedrückt, hell genetzt und mit körniger Oberfläche. Die erwachsene Raupe ist gelbbraun bis rötlich und trägt auf dem Rücken eine Reihe gelblicher Dreiecke (s. Zeichnung). Die gedrungene Puppe ist braun und hat auf dem Rücken 3 Reihen dunkler Flecke; sie liegt am Boden, oft unter dürrem Laub. **Futterpflanzen:** Nach dem Schlüpfen im Frühjahr bohren sich die Räupchen in junge Eichentriebe und sitzen später an den frischen Blättern. **Allgemeines:** Die Raupen entwickeln sich noch im Sommer, verlassen das Ei aber erst nach Überwinterung. In seinen Lebensräumen ist der Falter meist nicht häufig. Da die Falter gerne um die Kronen alter Eichen spielen, sind sie schwer zu beobachten. Die Art ist in Mitteleuropa deutlich seltener geworden.

## Kleiner Feuerfalter

*Lycaena phlaeas*

(Bläulinge)

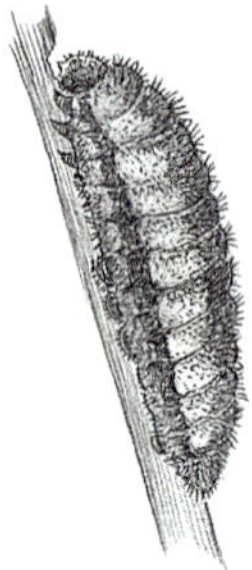

Raupe

**Aussehen:** Spannweite 25–30 mm. Die Oberseite der Vorderflügel ist leuchtend orange und trägt 7–8 schwarze Flecken und einen breiten dunkelbraunen Saum. Die dunkelbraunen Hinterflügel ziert ein orangerotes, gezacktes Saumband. Die Unterseite ist ähnlich, aber matter gefärbt. Eine in den Generationen recht variable Art. **Vorkommen:** Ein in ganz Europa relativ häufiger Falter, den man auf blütenreichen Brachen, sandigen Stellen, aber auch an Gräben mit Hochstauden findet. In den Alpen bis 2000 m. In 2–3 ineinander übergehenden Generationen fliegen die Falter von Mai bis Oktober. **Entwicklung:** Die halbkugeligen Eier sind graugrün mit unregelmäßig wabenartiger Oberfläche. Die Raupen sind grün und tragen eine gelbe, rötliche oder bräunliche Rückenlinie; der Kopf ist rotbraun (s. Zeichnung). Die gelbbräunliche Puppe ist schwarz punktiert, die Adern der Flügelscheiden sind schwach dunkel gezeichnet. **Futterpflanzen:** Ampfer- und Knöterichar-ten. **Allgemeines:** Gewöhnlich überwintern die Raupen der 3. Generation; gelegentlich wurde aber auch Überwinterung von Faltern oder im Ei beobachtet.

## Dukatenfalter

*Lycaena virgaureae*

(Bläulinge)

RL3

Raupe

**Aussehen:** Spannweite 30–35 mm. Das ♂ (rechtes Foto) ist oberseits fast einfarbig leuchtend orangerot mit schmalem dunklen, hinten gezacktem Saum. Die Unterseite ist heller gelblich und weist zahlreiche dunkle, auf dem Hinterflügel auch weiße und rötliche Flecken auf. Das ♀ (linkes Foto) ist auf hellerem Grund viel stärker braunschwarz gefleckt, wirkt insgesamt erheblich dunkler. Sehr ähnlich ist der seltene Großer Feuerfalter (*L. dispar*; RL2), dessen bläuliche Unterseite des Hinterflügels ein oranges Saumband trägt. **Vorkommen:** Fast ganz Europa. Wiesen und Waldlichtungen besonders des Hügellandes sind sein bevorzugter Lebensraum; in den Alpen bis 1500 m. Fliegt in einer Generation von Juni bis August. **Entwicklung:** Die graugrünen Eier sind halbkugelig und tragen wabenförmige Gruben. Die dunkelgrüne Raupe hat gelbliche Rücken- und Seitenstreifen (s. Zeichnung). **Futterpflanzen:** Verschiedene Ampferarten. **Allgemeines:** Überwintert wird im Ei. Die Falter sind schnelle und gewandte Flieger. Heute vielerorts selten geworden.

## Faulbaumbläuling

*Celastrina argiolus*

(Bläulinge)

Weibchen

**Aussehen:** Spannweite 30–35 mm. Ein »klassischer« Bläuling mit himmelblauer Oberseite und schmalem, weiß gescheckten dunklen Saum. Die Unterseite ist hell graublau mit vielen schwarzen Punkten und Flecken (Foto). Die ♂ der 2. Generation sind dunkler blau. Die ♀ tragen auf den Vorderflügeln einen breiten dunklen Saum (s. Zeichnung). Verwechslungen mit ähnlichen Arten, wie etwa dem Kleinen Moorbläuling (*Maculinea alcon*), sind möglich. **Vorkommen:** Fast ganz Europa. Hochmoore und Bruchwälder, Lichtungen und Waldränder, sonnige Hänge sind die Lebensräume. Die Falter fliegen in 1–2 Generationen im April/Mai und Juli/August. **Entwicklung:** Das flache, am Scheitel eingesunkene Ei ist blass grünlich mit hellerem Netzwerk. Die fein behaarte Raupe ist grün oder braun und mit hellen Dreiecken gezeichnet, die eine rote Mittellinie tragen. Die ockergelbe Puppe hat braune Flecken und grünliche Flügelscheiden. **Futterpflanzen:** Die Raupen fressen an Faulbaum, Pfaffenhütchen, Ginster, Tragant, Brombeere, Heidekraut, Hartriegel usw. Die Falter saugen gern an Baumsäften und Dung. **Allgemeines:** Die Puppe überwintert meist an der Unterseite eines Blattes. Die Raupen werden wegen ihrer süßen Ausscheidungen von Ameisen besucht. Gebietsweise rückläufig.

## Geißkleebläuling

*Plebejus argus*

(Bläulinge)

Weibchen

**Aussehen:** Spannweite 25–30 mm. Das ♂ (linkes Foto) ist oberseits dunkelblau mit ziemlich breitem dunklem Saum, dem ein weißer Fransensaum folgt. Die Unterseite ist »typisch« auf hellgrauem Grund mit schwarzen, weiß gerandeten Flecken und orangen Saummonden gezeichnet (s. Zeichnung). Das ♀ (rechtes Foto) ist bronzebraun mit halbmondförmigen orangen Randflecken. Kann mit dem Hauhechelbläuling (übernächste Doppelseite) und verschiedenen anderen Arten verwechselt werden. **Vorkommen:** Fast ganz Europa. Magere und trockene Wiesen und Heiden. Fliegt in 2 Generationen von Mai bis August. **Entwicklung:** Die Eier sind weiß, glanzlos, flach gedrückt mit perlschnurartigen Längsrippen; sie werden einzeln abgelegt. Die schlanke Raupe ist grün bis rotbraun mit einem violetten, weiß gesäumten Rückenstreifen und hellen Seitenstreifen. Die Puppe ist hellgrün mit karminbrauner Rückenlinie. **Futterpflanzen:** Die Raupen leben an den Blüten verschiedener Schmetterlingsblütler und werden von Ameisen besucht. **Allgemeines:** Die Eier der 2. Generation überwintern. Die niedrig fliegenden Falter treten oft zahlreich auf.

## Himmelblauer Bläuling

*Polyommatus bellargus*

(Bläulinge)

RL4

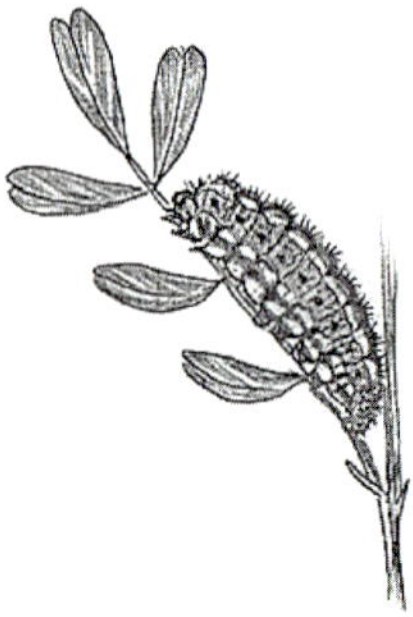

Raupe

**Aussehen:** Spannweite 30–35 mm. Das ♂ wieder ein »typischer« Bläuling mit glänzend blauer Oberseite und sehr schmalem dunklen Saum sowie gescheckfem Fransenrand (linkes Foto). Die Unterseite ist hell graubraun und trägt das übliche Fleckenmuster (rechtes Foto). Das ♀ ist oberseits braun, mehr oder weniger blau bestäubt und besitzt undeutliche orange Saummonde. Insgesamt ähnlich dem Hauhechelbläuling (nächste Doppelseite). **Vorkommen:** Fehlt in Nordeuropa, Südspanien und Süditalien. Grasland auf Kalkboden, von der Ebene bis auf über 2000 m Höhe. Die Falter fliegen in 2 Generationen im Mai/Juni und August/September. **Entwicklung:** Das kugelige Ei ist abgeplattet, hellgrün mit weißlicher Netzstruktur. Die Raupen sind grün oder hellbraun, fein schwarz beborstet, mit dunklem Rückenstreifen und auffälligen gelben Längsstreifen (s. Zeichnung). Die stumpfe Puppe ist grünlichbraun, am Rücken dunkler. **Futterpflanzen:** Die Raupen fressen nachts an den Blüten von Hufeisenklee, Waldziest, Kronwicken- und Ginsterarten. **Allgemeines:** Die Raupen überwintern und werden beim Fressen regelmäßig von Ameisen aufgesucht. In Norddeutschland selten, weiter südlich häufiger, aber in letzter Zeit abnehmend.

## Silbergrüner Bläuling

*Polyommatus coridon*

(Bläulinge)

**Aussehen:** Spannweite um 35 mm. Das ♂ ist oberseits hellblau mit silbrig-grünlichem Schimmer und einem ziemlich breiten dunklen Saum, der im Hinterflügel in dunkle Flecken aufgelöst ist. Die Unterseite ist hellgrau bis braungrau und zeigt im Wesentlichen das übliche Fleckenmuster mit wenig Orange. Das ♀ ist überwiegend braun. **Vorkommen:** Ähnlich wie vorige Art verbreitet. Trockene Wiesen und Berghänge auf Kalkboden sind ihr Lebensraum; im Gebirge bis über 2000 m. Die Falter fliegen in einer Generation im Juli/August. **Entwicklung:** Das kugelige Ei ist an beiden Polen abgeflacht, grünlichweiß mit weißem Netzwerk. Die blaugrünen Raupen haben hellbraune Borsten und hochgewölbte Rückenwülste, zwischen denen sich ein doppelter gelber Längsstreifen hinzieht (linkes Foto). Die relativ schlanke Puppe ist glatt, schmutzig braungelb mit dunkler Rückenlinie; sie liegt frei oder unter Steinen an der Erde. **Futterpflanzen:** Die Raupen leben auf Kronwicken und Hufeisenklee sowie anderen Schmetterlingsblütlern. **Allgemeines:** Die Raupen überwintern und werden beim Fressen wegen ihrer süßen Ausscheidungen regelmäßig von Ameisen aufgesucht.

## Violetter Waldbläuling

*Polyommatus semiargus*

(Bläulinge)

Raupe (grün mit schwarzweißer Rückenlinie)

**Aussehen:** Spannweite 30–35 mm. Die Oberseite des ♂ ist dunkel violettblau mit unscharfem dunklen Saum und weißem Fransensaum. Die Unterseite ist hellgrau und oft grünblau an der Flügelwurzel; orange Saumflecken fehlen meist. Das ♀ ist braun, gleicht aber unterseits dem ♂. **Vorkommen:** Über fast ganz Europa verbreitet. Die Falter fliegen in einer Generation von Mai bis Juli über Brachflächen und Blumenwiesen, in den Alpen bis über 2500 m. **Entwicklung:** Die kleinen Eier sind kugelig und grünlichblau. Die grüngelbe Raupe ist fein behaart mit dunkler, hell gesäumter Rückenlinie (s. Zeichnung). Die hängende Puppe ist hell olivgrün. **Futterpflanzen:** Die Raupen ernähren sich v.a. von den Blüten von Wiesenklee, Wundklee, Steinklee und Grasnelken. **Allgemeines:** Die halb erwachsenen Raupen überwintern. Die Art ist deutlich seltener geworden.

## Gewöhnlicher oder Hauhechel-Bläuling

*Polyommatus icarus*

(Bläulinge)

**Aussehen:** Spannweite um 30 mm. Die wohl bekannteste Bläulingsart. Das ♂ mit himmelblauer, violett schimmernder Oberseite und weißem Fransensaum. Die Unterseite ist grau, mit deutlichen dunklen Flecken und orangen Saummonden im Hinterflügel (beim ♀ kräftiger auf allen Flügeln). Das ♀ ist braun mit violettblauer Bestäubung und orangen Saummonden; die Unterseite ist dunkler als beim ♂. Verwechslung mit den vorausgehenden Arten ist möglich. (Siehe auch Himmelblauer Bläuling und Geißkleebläuling.) **Vorkommen:** Über ganz Europa verbreitet und in den verschiedensten Lebensräumen anzutreffen. Die Art fliegt in 2–3 ineinander übergehenden Generationen von Mai bis September/Oktober. **Entwicklung:** Das Ei gleicht einem winzigen Seeigel und ist rotbraun oder blaugrün mit hellem Netzwerk und abgeplatteten Polen. Die Raupen sind hellgrün und kurz hell behaart, mit dunkler, hell eingefasster Rückenlinie, weißlichen Schrägstreifen und heller Seitenlinie. Ameisen lecken regelmäßig das süße Sekret ihrer Analdrüsen auf. Die gedrungene Puppe ist glänzend braungrau mit dunkler Rückenlinie. Sie liegt frei am Boden. **Futterpflanzen:** Verschiedene Schmetterlingsblütler. **Allgemeines:** Die Raupe überwintert. Die Art gehört zu den häufigsten Bläulingen, ist aber vielerorts seltener geworden.

## Kommafalter
*Hesperia comma*
(Dickkopffalter)

Raupe

**Aussehen:** Dickkopffalter sind nicht näher mit den übrigen Tagfaltern verwandt; es sind kleine, gedrungene Falter mit breitem Kopf und weit auseinander stehenden Fühlern, von eintöniger, oft dunkler Färbung. In der Ruhe halten sie ihre Flügel mottenartig. – Spannweite um 30 mm. Oberseits gelbbraun mit dunklem, weiß befransten Saum und schwarzem Duftschuppenstreifen (»Komma«) beim ♂ (links im Foto). Die Unterseite der Hinterflügel ist olivgrün mit weißen Flecken. Sehr ähnlich der folgenden Art; das ♀ ist größer und seine Oberseite dunkler. **Vorkommen:** In weiten Teilen Europas. Trockenes Grasland auf Kalkboden wird bevorzugt. Es fliegt eine Generation im Juli/August. **Entwicklung:** Das halbkugelige Ei ist perlweiß und fein punktiert. Die gelblich-grüne bis schwarzgraue Raupe hat einen großen schwarzen Kopf (s. Zeichnung). Die doppelte helle Seitenlinie ist undeutlich. Die braune Puppe hat dunklere Flügeldecken; Kopf und Hinterleib sind mit kurzen, hellen Borsten besetzt; sie liegt in einem Gespinst am Boden. **Futterpflanzen:** Die Raupe lebt in einer Gespinströhre an verschiedenen Grasarten. **Allgemeines:** Die Eier überwintern. Eine in Mitteleuropa sehr häufige Art.

## Rostfarbener Dickkopffalter
*Ochlodes venatus*
(Dickkopffalter)

Raupe

**Aussehen:** Spannweite um 30 mm. Oberseite der ♂ sehr ähnlich der vorigen Art gefärbt, aber Hinterflügel runder und Duftstreifen weniger markant. Unterseite der Hinterflügel goldbraun bis grünlich mit gelben Flecken. Kann auch mit dem einfarbigen Ockergelben Braundickkopf (*Thymelicus sylvestris*) verwechselt werden. **Vorkommen:** In weiten Teilen Europas an grasigen Waldrändern, an Küsten und in vielen anderen Lebensräumen; in den Alpen bis 2000 m. 1 Generation fliegt von Juni bis August. **Entwicklung:** Das Ei ist cremeweiß mit unregelmäßigem Netzwerk. Die Raupen sind schmutzig grün mit großem hellbraunen Kopf und undeutlichem hellen Seitenstreifen (s. Zeichnung). Die Puppe ist hellbraun mit dunkelbraunen Flügeldecken. Kopf und Hinterleib sind kurz hell beborstet. **Futterpflanzen:** Verschiedene Gräser. **Allgemeines:** Die Raupe überwintert in zusammengerollten Blättern. In Mitteleuropa überall häufig.

## Dunkler Dickkopffalter

*Erynnis tages*
(Dickkopffalter)

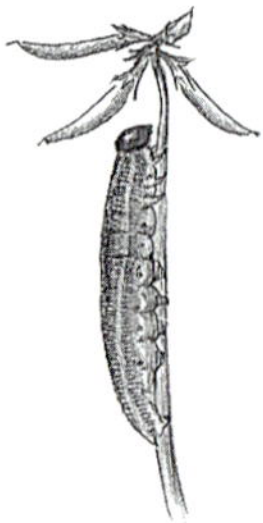

Raupe an Hornklee

**Aussehen:** Spannweite 25–30 mm. Die Oberseite ist dunkelbraun und weist auf beiden Flügeln eine Reihe kleiner heller Saumflecken sowie verwaschene hellgraue Flächen und Bänder auf. Die Unterseite ist heller und weißfleckig bis fast einfarbig. Die Fühler sind halb so lang wie die Vorderflügel. Mit anderen dunklen Dickkopffaltern zu verwechseln. **Vorkommen:** In fast ganz Europa. Offenes Gelände mit Gräben und Baumsäumen, Heiden, Waldwiesen; im Gebirge bis 1800 m. Fliegt in einer Generation im Mai/Juni. **Entwicklung:** Die Eier sind gelb bis orange, oben abgeflacht, mit 10–11 Längsrippen. Die hellgrüne Raupe lebt zwischen zusammen gesponnen Blättern und hat einen gelblichen Seitenstreifen mit schwarzen Stigmen (s. Zeichnung). Die schlanke Puppe ist fast nackt, grünlichbraun mit rötlichem Hinterleib. **Futterpflanzen:** Hornklee, Mannstreu und Kronwickenarten. **Allgemeines:** Die Falter sonnen sich gerne mit ausgebreiteten Flügeln auf dem Boden. Bei schlechtem Wetter sitzen sie kopfüber unter Blättern und Blütenständen. In seinen Lebensräumen recht häufig, in der intensiv genutzten Kulturlandschaft aber selten.

## Malven-Würfelfleckfalter

*Pyrgus malvae*
(Dickkopffalter)

Raupe

**Aussehen:** Spannweite um 25 mm. Die scharf begrenzten weißen Flecken auf Vorder- und Hinterflügeln unterscheiden die Art von anderen dunkelbraunen Dickkopffaltern. Die Unterseite der Hinterflügel ist gelb- bis grünlichbraun und trägt über die Mitte und im Saum ein weißes Fleckenband. **Vorkommen:** Über den größten Teil Europas verbreitet. Offenes Grasland, Waldlichtungen, Wegränder u.Ä. sind die bevorzugten Lebensräume; im Bergland geht die Art bis 2000 m. Fliegt in einer Generation je nach Höhenlage von April bis Juli. **Entwicklung:** Das fast kugelige Ei ist hellgrau und trägt 23 Längsrippen und feine Querrippen. Die erwachsene Raupe ist sehr kurz beborstet, schmutzig grünlich und trägt einen undeutlichen dunklen Rückenstreifen (s. Zeichnung). Die schlanke Puppe ist hellbräunlich, trägt auf dem Rücken eine Doppelreihe schwarzer Punkte und ist kurz und dicht beborstet. **Futterpflanzen:** Die Raupen leben in zusammengerollten Blättern von Malve, Sumpfblutauge, Fingerkraut, Brombeere, Erdbeere, Odermennig u.a. **Allgemeines:** Die Puppe überwintert. Die Falter fliegen sehr schnell und sonnen sich gerne mit ausgebreiteten Flügeln auf dem Boden. Eine häufige Art, wo die Futterpflanzen vorkommen.

## Gelbwürfeliger Dickkopffalter

*Carterocephalus palaemon*

(Dickkopffalter)

Raupe

**Aussehen:** Spannweite 25–30 mm. Auf dunkelbraunem Grund zeigt die Oberseite viele große und kleine gelbe Flecken (rechtes Foto). Die Unterseite der Hinterflügel ist charakteristisch mit 12 schwarz gerandeten weißlichen Spiegelflecken, einer schwarzen Saumlinie und schwarzem Innenrand gezeichnet (linkes Foto). **Vorkommen:** Vor allem im mittleren Europa, wo er in verstreuten Kolonien Waldwiesen, Moore, Wasserläufe des Flachlands besiedelt. Die Falter fliegen in einer Generation im Juni/Juli. **Entwicklung:** Das gelbliche Ei ist halbkugelig, genetzt und fein punktiert. Die erwachsene Raupe ist blassgrün mit undeutlichen dunklen und hellen Längslinien; sie ist kurz behaart (s. Zeichnung). Die schlanke Puppe ist graugelb mit bräunlichen Linien auf den Flügelscheiden. **Futterpflanzen:** Verschiedene Gräser. **Allgemeines:** Die Raupe überwintert in zusammengerollten Blättern und nimmt danach keine Nahrung mehr zu sich. Die Falter haben einen schnellen Flug, besuchen gern Blüten und sonnen sich auf Blättern und Halmen. Nur regional und inselartig häufig.

## Blutströpfchen

*Zygaena filipendulae*

(Widderchen)

Raupe

**Aussehen:** Spannweite 38–42 mm. Diese häufigste Widderchenart Mitteleuropas ist, wie viele seiner Verwandten, mit leuchtend roten Flecken auf blaugrün schimmerndem Grund sehr auffällig gezeichnet. Die Flügel sind langgestreckt und werden in der Ruhe dachförmig angelegt. Die wie Hörner gebogenen Fühler haben der Familie den deutschen Namen gegeben. Sehr ähnlich sind das Kleewidderchen (*Huebneriana trifolii*) und verschiedene andere Arten. **Vorkommen:** Ganz Europa und im Gebirge bis 2000 m. Trockene Magerrasen, Kiesgruben, Moor- und Heideflächen werden besiedelt. Die tagaktiven Falter fliegen in einer Generation im Juli/August. **Entwicklung:** Die kurzovalen Eier sind gelb und werden in Klumpen abgelegt. Die Raupe ist grün- bis goldgelb und trägt auf dem Rücken 2 Reihen schwarzer Flecken (s. Zeichnung). Die Puppe ist gelblichbraun. **Futterpflanzen:** Die Raupen leben an Hornklee, Kronwicke, Esparsette u.a. **Allgemeines:** Die Raupen überwintern 1–2-mal. Der Körper der Falter enthält eine ätzende, giftige Flüssigkeit; die Flügelzeichnung stellt demnach eine Warnfarbe dar. Die Falter selbst sind gegen Gifte weitgehend immun. Von abnehmender Häufigkeit.

# Register

## Deutsche Namen und Sachbegriffe

Die Pflanzennamen bezeichnen die Futterpflanzen der Raupen


Admiral 40
Alpenapollo 22
Ampferarten 80
Apfel 26
Apollofalter 22
Augenfalter 60–74
Aurorafalter 30

Bahndämme 20
Baumsäfte 40, 44, 82
Baumweißling 26
Birke 44, 78
Birne 26
Blauäugiger Waldportier 64
Blauer Eichenzipfelfalter 78
Bläulinge 76–86
Blauschwarzer Eisvogel 50
Bluthirse 66, 68
Blutströpfchen 92
Braunauge 74
Braundickkopf 88
Brauner Waldvogel 62
Braunscheckauge 72, 74
Brennnessel 9, 17, 36, 38, 40, 42, 48
Brombeere 50, 54, 62, 76, 82, 90
Brombeer-Zipfelfalter 76

C-Falter 46

Damenbrett 60
Diapause 9
Dickkopffalter 17, 88–92
Dill 20
Distelfalter 42
Disteln 22, 24, 36, 40, 42, 54
Doldengewächse 20
Dukatenfalter 80
Dung 82
Dunkler Dickkopffalter 90

Edelfalter 36–58
Ehrenpreis-Scheckenfalter 58
Eichenzipfelfalter 78
Eisvogel 50
Erdbeere 90

Fallobst 36, 40
Faulbaum 28, 82
Faulbaumbläuling 82
Fetthennen-Steinbrech 22
Fetthennenarten 9, 22
Feuerfalter 80
Fingerkraut 90
Flattergras 66, 68
Fleisch 50, 52
Fuchs 38

Gänsekresse 30
gärende Früchte 44
Gärten 5, 16, 20, 30, 36, 38
Geißkleearten 32
Geißkleebläuling 82
Gelbringfalter 74
Gelbwürfeliger Dickkopffalter 92
Generationen 7, 9
Gewöhnlicher Scheckenfalter 58
Ginster 34, 76, 82, 84
Gletscherfalter 66
Goldene Acht 34
Grasarten 74, 88
Gräser 64–92
Grasnelke 86
Großer Eisvogel 50
Großer Feuerfalter 80
Großer Fuchs 38
Großer Heufalter 70
Großer Kohlweißling 24
Großer Perlmutterfalter 56
Großer Scheckenfalter 58
Großer Schillerfalter 52
Großes Ochsenauge 70
Grünanlagen 12
Gürtelpuppe 8, 10

Haarstrang 20
Habichtskraut 58
Hartriegel 82
Hasel 78
Hauhechel-Bläuling 86
Heckenkirsche 50
Heidekraut 82
Heidelbeere 76
Heiden 32, 64, 92
Heufalter 32, 34, 70
Himbeere 62
Himmelblauer Bläuling 84
Hochmoore 32, 82
Hochmoorgelbling 32
Hopfen 36, 46
Hornklee 34, 90
Hufeisenklee 84

Jauche 50

Kadaver 52
Kaisermantel 54
Käse 50, 52
Kirsche 18, 26, 38, 78
Kleearten 34, 76, 86
Kleewidderchen 92
Kleiner Eisvogel 50
Kleiner Feuerfalter 80
Kleiner Fuchs 38
Kleiner Heufalter 70
Kleiner Kohlweißling 24
Kleiner Moorbläuling 76, 82
Kleiner Perlmutterfalter 56
Kleiner Schillerfalter 52
Kleines Ochsenauge 70
Klette 42
Knöterich 80
Kohlgewächse 24
Kohlweißling 24
Kommafalter 88
Kot 50
Kreuzblütler 9, 24, 26, 30
Kreuzdorn 28
Kronwickenarten 84, 90
Kümmel 20

Landkärtchen 48
Leimkraut 66

Magerrasen 60, 92
Malve 90
Malven-Würfelfleckfalter 90
Mannstreu 90
Mauerfuchs 72
Mauerpfeffer 22
Milchfleck 66
Mist 52
Möhre 20
Mohrenfalter 68
Monarch 15
Moorbläuling 76, 82
Moore 68, 92
Moosbeere 76

Nesseln 46
Nierenfleck 78

Obstgärten 26
Ochsenauge 70
Ockerbindiger Samtfalter 64
Ockergelber Braundickkopf 88
Odermennig 90
Orangeroter Heufalter 32

Pappel 52
Pastinak 20
Perlmutterfalter 54, 56
Pfaffenhütchen 82
Pfauenauge 36
Pflaume 78
Postillion 32, 34
Preiselbeere 76

Rapsweißling 26
Rauke 30
Rauschbeere 32
Ritterfalter 18–22
Rostbinde 64
Rostfarbener Dickkopffalter 88
Rundaugen-Mohrenfalter 68

Samtfalter 64
Schachbrett 60
Schaumkraut 30
Scheckenfalter 54, 58
Schillerfalter 52
Schillerfarben 13
Schlehe 18, 26, 78
Schmetterlingsblütler 76, 82–86
Schornsteinfeger 62
Schwalbenschwanz 20
Schwarzer Apollo 22
Schwarzgefleckter Bläuling 76
Segelfalter 18
Silber-Scheckenfalter 58
Silbergrüner Bläuling 84
Silberstrich 54
Sommerflieder 5, 36, 42
Stadtgärten 42
Steinklee 86
Stiefmütterchen 56
Stürzpuppe 8, 10
Sumpfblutauge 90
Sumpfporst 76

Tagpfauenauge 36
Thymian 76
Tragant 82
Traubenkirsche 18
Trauermantel 44
Trockensteppen 32

Ulme 38, 46
Unkrautfluren 30

Veilchenarten 54, 56, 58
Violetter Waldbläuling 86
Vogelbeere 26

Wachtelweizen 58
Wachtelweizen-Scheckenfalter 58
Waldbläuling 86
Waldbrettspiel 72
Waldportier 64
Waldteufel 68
Waldvogel 62
Waldziest 84
Wanderfalter 14 f.
Wandergelbling 34
Wegerich 58
Wegränder 20
Weiden 38, 44, 46, 52
Weißband-Mohrenfalter 66
Weißdorn 18, 26
Weißer Mauerpfeffer 22
Weißlinge 24–34

Zitronenfalter 28
Zitronengelber Heufalter 32
Zitterpappel 50

## Wissenschaftliche Namen

Anthocharis cardamines 30
Apatura iris 52
Aphantopus hyperantus 62
Aporia crataegi 26
Araschnia levana 48
Argynnis aglaja 56
Argynnis paphia 54

Callophrys rubi 76
Carterocephalus palaemon 92
Celastrina argiolus 82
Coenonympha pamphilus 70
Colias crocea 34
Colias hyale 34
Colias myrmidone 32
Colias palaeno 32

Erebia aethiops 68
Erebia ligea 66
Erebia medusa 68
Erynnis tages 90

Gonepteryx rhamni 28

Hesperia comma 88
Hipparchia semele 64

Inachis io 36
Iphiclides podalirius 18

Lasiommata maera 74
Lasiommata megera 72
Limenitis camilla 50
Limenitis populi 50
Lopinga achine 74
Lycaena phlaeas 80
Lycaena virgaureae 80

Maculinea arion 76
Maniola jurtina 70
Melanargia galathea 60
Melitaea athalia 58
Melitaea cinxia 58
Minois dryas 64

Neozephyrus quercus 78
Nymphalis antiopa 44
Nymphalis c-album 46
Nymphalis polychloros 38
Nymphalis urticae 38

Ochlodes venatus 88
Oeneis glacalis 66

Papilio machaon 20
Pararge aegeria 72
Parnassius apollo 22
Pieris brassicae 24
Pieris napi 26
Pieris rapae 24
Plebejus argus 82
Polyommatus bellargus 84
Polyommatus coridon 84
Polyommatus icarus 86
Polyommatus semiargus 86
Pyrgus malvae 90

Thecla betulae 78

Vanessa atalanta 40
Vanessa cardui 42

Zygaena filipendulae 92

# Die Natur aktiv entdecken

*Bestimmen auf einen Blick*
Michael Lohmann
**Schmetterlinge**
Alle auffälligen und häufigen Arten: Merkmale, Lebensweise der Falter. Mit Faltplan: Falter, Raupen und Puppen auf einen Blick.

*BLV Naturführer*
Angelika Lang
**Spuren und Fährten unserer Tiere**
Die wichtigsten und häufigsten Fährten, Kotspuren, Fraßspuren, Gewölle und Wohnbauten.

*BLV Naturführer*
Michael Lohmann
**Tiere in Wald und Flur**
Der ideale Begleiter auf jedem Spaziergang: Säugetiere, Amphibien und Reptilien im Porträt.

Veronika Straaß
**Natur erleben das ganze Jahr**
Das Erlebnisbuch für die ganze Familie mit Beobachtungstipps, Anleitungen zum Spielen und Experimentieren, Rezepten aus der Feld-, Wald- und Wiesenküche und vieles mehr.

*Bestimmen auf einen Blick*
Michael Lohmann
**Käfer, Libellen und andere Insekten**
Häufige, auffällige und leicht zu beobachtende Insekten (ohne Schmetterlinge): rund 200 Arten mit Faltplan: alle Arten auf einen Blick.

**BLV Tier- und Pflanzenführer für unterwegs**
Das kompakte Bestimmungsbuch mit 771 Tier- und Pflanzenarten und 871 Farbfotos im handlichen Einsteckformat.

*Im BLV Verlag finden Sie Bücher zu den Themen:* Garten und Zimmerpflanzen • Natur • Heimtiere • Jagd und Angeln • Pferde und Reiten • Sport und Fitness • Wandern und Alpinismus • Essen und Trinken

*Ausführliche Informationen erhalten Sie bei:*

**BLV Verlagsgesellschaft mbH**
**Postfach 400320 • 80703 München**
**Tel. 089/12705-0 • Fax -543 • http://www.blv.de**